Le secret des nombres

19

COLLECTION **LUMIÈRES**

GÉRARD DOUAT

Le secret des nombres

Entrez dans cet univers symbolique et mystérieux

EDITIONS
de Bressac

Illustration de la couverture : Charles Vinh
Conception graphique : Christiane Séguin
Infographie : Papyrus communication graphique
Révision : Francine Laroche

Dépôt légal 4e trimestre 1997

ISBN 2-84320-030-X

DIFFUSION / DISTRIBUTION

AMÉRIQUE
Messageries ADP (filiale de Sogides ltée)
955, rue Amherst, Montréal (Québec) H2L 3K4
(514) 523-1182

FRANCE
Casteilla-Chiron Diffusion, 10, rue Léon-Foucault, 78184 Saint-Quentin en Yvelines, France
(01) 30.14.19.57

BELGIQUE
Diffusion Vander s.a., 321, avenue des Volontaires, B-1150 Bruxelles, Belgique
(2) 762.98.04

SUISSE
Transat s.a., Rte des Jeunes, 4 ter, Case postale 125, 1211 Genève 26, Suisse
342.77.40

Publié par Éditions de Bressac, une marque de Sabre Communication
5, avenue du Maréchal Juin, 92100 Boulogne, France
(01) 41.22.05.29

Imprimé en France par Brodard et Taupin

TABLE DES MATIÈRES

Avant-propos

Il va de soi que le sujet abordé dans le présent ouvrage aurait pu être traité de mille et une façons. Compte tenu de cette réalité, il a donc fallu faire des choix. Précisons pour le bénéfice du lecteur — qui pourra acquérir d'autres connaissances en consultant les ouvrages cités dans la bibliographie — que notre approche s'inspire des objectifs suivants :

- montrer que les nombres ont une valeur qualitative et que les propriétés de certains d'entre eux sont mystérieuses et incompréhensibles;
- susciter une nouvelle appétence pour la lecture des Écritures — notamment l'Évangile —, où les multiples références aux nombres méritent l'attention de tout esprit curieux;
- souligner de façon implicite que, peu importe l'époque, le rationalisme borné de sceptiques aux connaissances scientifiques plus ou moins étendues et la pensée magique de sorciers adeptes des pires balivernes témoignent d'une étroitesse d'esprit;
- redonner le goût des chiffres à ceux qui l'auraient perdu au contact de pédagogues maladroits ou l'inspirer au lecteur qui ne l'a jamais eu.

Mentionnons également qu'au cours de notre recherche, certains faits nous sont apparus pour le moins étonnants. Entre autres, comment expliquer que des personnes familières avec les textes religieux n'aient jamais éprouvé ou n'éprouvent pas le besoin de se poser des questions sur les nombres qui y figurent, alors que certains esprits de grande qualité — qui ne sont pas pour autant devenus des adeptes de diableries ridicules — s'y sont jadis intéressés et s'y intéressent encore aujourd'hui? À ce titre, citons l'un des plus brillants, Raymond Abellio, polytechnicien — qui n'avait rien d'un charlatan — décédé il y a quelques années. Précisons toutefois qu'il aurait sans doute émis quelques réserves quant à la numérologie, sujet auquel nous consacrons tout de même quelques pages.

Avant qu'il n'entre dans le merveilleux univers des nombres, nous tenons à rassurer le lecteur : les pages qui suivent ont été rédigées avec un souci constant de clarté et de simplicité. Il peut donc entreprendre sa lecture sans craindre de se buter à un langage obscur et incompréhensible, car, quant à nous, l'hermétisme n'est pas un signe de profondeur.

Disons enfin que cet ouvrage grand public n'aurait jamais vu le jour sans l'aide précieuse de Magali Vandame, fidèle entre toutes, à qui nous adressons notre gratitude.

CHAPITRE 1

Des particularités étranges

1

À PROPOS DES NOMBRES...

Mais au fait, qu'est-ce qu'un nombre? Ce mot peut être défini comme le symbole désignant une unité ou une collection d'unités, tandis que le chiffre est le caractère qui sert à représenter le nombre. Toutefois, on peut dire le nombre un ou le chiffre un. Rappelons que le nombre est la base de la mesure, et que toutes les sciences reposent sur l'idée de nombre.

L'écrivain français Étienne Pivert de Senancour (1770-1846) fait judicieusement remarquer dans son roman *Oberman* que «le nombre est défini comme une collection d'unités, mais puisque l'unité est le principe de tous les nombres, elle devient — par là même — étrangère au terme qui les exprime».

Notons au point de départ qu'il existe plusieurs sortes de nombres et d'extensions de la notion de nombre : entre autres, les nombres naturels, entiers, positifs, négatifs, rationnels, incommensurables, irrationnels, transcendants, réels, imaginaires, complexes, transfinis, premiers. Nous parlerons ici de certains d'entre eux, surtout des plus fascinants. Ce qui ne veut pas dire pour autant que les nombres séduisent forcément tout le monde. Pour certains, ils correspondent à un véritable supplice; il suffit qu'ils se mettent à effectuer n'importe quel calcul pour que de mauvais génies s'appliquent à y introduire de perfides erreurs. Pour d'autres, ils incarnent un pur délice; ils s'y faufilent avec l'agilité d'une anguille. Précisons tout de suite que cette disposition d'esprit n'a aucun lien inéluctable avec l'aptitude aux mathématiques. Il est possible d'être un très bon calculateur et de n'avoir aucun don pour les abstractions mathématiques. Ce genre de contradiction apparente est d'ailleurs fréquente chez les comptables. Enfin il existe ceux qui les divinisent; ils considèrent les nombres comme un principe universel et estiment que toutes les propriétés des choses naturelles suivent des lois inexorables. C'est le concept déterministe. Malheureusement pour ses adeptes — Platon était de ceux-là —, des esprits scientifiques contemporains commencent à ébrécher sérieusement cette façon de voir. Il suffit de lire certains ouvrages d'Henri Poincaré, l'un des plus grands mathématiciens de tous les temps, pour s'en rendre compte. Peut-être bien que le chaos existe dans l'univers ou peut-être bien que l'homme n'a tout simplement pas encore découvert les lois qui le régissent. Il nous faudra donc encore attendre...

De toute façon, un fait demeure : il est impossible de dissocier les nombres d'une certaine connotation mystique, reconnue d'ailleurs au Moyen Âge par les alchimistes et aujourd'hui par les kabbalistes et les exégètes des Écritures judaïques. Pour sûr, il s'en trouvera toujours quelques-uns pour tenter de discréditer la valeur symbolique des nombres. Feu Marcel Boll, professeur de mathématiques à l'école Polytechnique de Paris, s'y est malicieusement exercé, faisant remarquer dans l'un de ses livres que les significations occultes attribuées aux nombres ont varié avec les longitudes et les latitudes Bien, mais en quoi cela constitue-t-il une preuve de leur absurdité? Fermons ici la parenthèse puisque nous y reviendrons pour mieux souligner encore à quel point l'apparente logique de certains esprits pseudo-rationnels peut sérieusement limiter leur horizon intellectuel.

Les étranges propriétés de certains nombres supportent à elles seules l'existence d'un mystère des nombres. Mais encore faut-il les connaître. Sait-on seulement qu'il y a des nombres amiables ou amicaux? Les Grecs, eux, le savaient. On dit que deux nombres sont amiables si la somme des diviseurs de l'un est égale à l'autre. C'est le cas de 220 avec 284 (220 / 1 + 2 + 4 + 5 + 10 + 11 + 20 + 22 + 44 + 55 + 110) et celui de 284 dont la somme des diviseurs est égale à 220 (284 / 1 + 2 + 4 + 71 + 142). Les couples de nombres amiables sont probablement innombrables — laissons aux ordinateurs le soin de les trouver —, mais il faut bien reconnaître que cette constatation ne règle pas tout, qu'une autre interrogation se pose : un couple «amiable» peut-il être constitué d'un nombre pair et d'un nombre impair? Même scénario pour les nombres dits parfaits, qui sont également connus depuis longtemps. Égaux à la somme de leurs diviseurs, leur liste s'allonge à mesure que les investigations se poursuivent. Par exemple, six, premier nombre parfait, est divisible par un évidemment, mais aussi par deux et par trois (1 + 2 + 3 = 6), le deuxième étant vingt-huit (1 + 2 + 4 + 7 + 14 = 28). On sait maintenant que les nombres parfaits pairs se terminent par six ou par huit, mais on ignore toujours s'il existe des nombres parfaits impairs.

Compte tenu de l'existence d'un tel mystère, il est raisonnable de penser que notre ignorance à ce sujet ne disparaîtra jamais, même si les découvertes se font et se feront de plus en plus nombreuses. La lecture de cet ouvrage ne manquera pas de vous en convaincre. Ce constat est d'ailleurs une invitation à l'humilité. On dirait que

Dieu s'évertue à nous cacher des secrets et à nous en révéler laborieusement d'autres pour nous inciter à reconnaître nos limites. Enfin, voyons maintenant plus en détail certains de ces nombres.

Le nombre un

Compte tenu de ses propriétés, il n'est pas vraiment étonnant que ce nombre ait servi à symboliser le divin. C'est le Dieu «Un». Il évoque parfaitement l'Infini puisque sa multiplication par lui-même n'altère en rien son immuabilité (1 x 1 x 1... = 1). Il est aussi le premier des nombres premiers (1 = 1), donc seulement divisible par lui-même et par un (1 / 1 = 1). L'Ancien Testament n'évoque d'ailleurs que les multiples de 1, 2, 3, 5 et 7 pour édifier les constructions terrestres.

Un est le symbole du Dieu éternel et tout-puissant. Il y a même une idée de fusion entre deux éléments dans ce mot et dans ce nombre. Les mots unité et union en sont la preuve. Dans l'un de ses livres, Pascal nous dit que l'univers est contenu dans l'unité. Quant à saint Augustin, il précise que l'unité se rapporte au Dieu suprême, principe de toute chose.

L'importance du retour à l'unité dans le domaine profane n'est pas à démontrer. Rappelons seulement qu'un être attiré par des directions contraires — que ce soit dans le domaine des convictions ou dans celui des sentiments — ne peut qu'échouer dans ses entreprises. Pour réussir, il faut avoir réalisé l'unité en soi et s'en tenir à ses choix. Ainsi l'homme qui détient un pouvoir ne connaîtra pas de tiraillements intérieurs. Par contre, une nation divisée contre elle-même sera livrée à des malheurs. Tout comme une religion qui abandonne son unité doctrinale finira par éclater en sectes ou à tout le moins en chapelles.

Le nombre un est donc chargé d'une signification symbolique importante en raison de sa nature. Premier des nombres premiers, il est vraiment unique.

Le nombre deux

Ce nombre pair des nombres premiers est, lui aussi, doté d'une signification riche. Dans l'Ecclésiaste (IV, 9, 10), on peut lire les lignes suivantes en l'honneur du mariage et à l'encontre du célibat : «Mieux vaut vivre à deux que solitaire; il y a pour les deux un bon salaire dans leur travail; car s'ils tombent l'un peut relever son compagnon. Mais malheur à celui qui est seul et qui tombe sans avoir un second pour le relever!»

Cette apologie de la vie de couple n'altère en rien l'ambivalence ou la dualité du nombre deux. Il porte en lui les germes de l'unité possible par la réunion des deux éléments, mais aussi ceux de la division. Le deux contient un ferment de rivalité, une dialectique, c'est-à-dire une opposition des contraires.

Dans le livre de René Allendy, docteur en médecine (voir bibliographie), deux est le nombre de la différenciation relative, de la réciprocité antagoniste ou attractive. C'est pourquoi les symboles binaires ou les couples sont nombreux dans bien des traditions. Les Écritures font souvent référence à deux principes opposés à commencer par la lumière et les ténèbres. Pour les religions, la vérité ne peut être qu'une, alors que la dualité contient l'erreur. Pythagore la reliait à la mobilité et à la variabilité de l'opinion, réservant l'unité à l'immuable. Le docteur Allendy fait d'ailleurs remarquer avec pertinence que les mots dispute, divergence, différence, dispersion ont une étymologie dualiste.

Le deux — ou la dualité — évoque une idée de rapports directs ou de relations complémentaires. Le yin et le yang, qui contiennent l'idée de lumière et de ténèbres, véhiculent aussi le concept de polarité binaire. Ils représentent deux idées contraires tout en étant irrémédiablement associés.

Cette opposition indispensable entre des phénomènes

naturels se retrouve également dans des mécanismes du corps humain. Certains nerfs sont freinateurs, alors que d'autres sont accélérateurs. Leur action est contraire, mais leur association est indispensable. Il existe aussi des substances, telles les hormones, dont l'action est antinomique, bien que les unes ne puissent agir sans les autres. Même constat pour les phénomènes électriques avec l'opposition des pôles positif et négatif, et pour les ions qui ont gagné ou perdu plusieurs électrons.

Les textes sacrés de l'Ancien Testament fournissent également plusieurs exemples de cette dualité. En voici quelques-uns : Rébecca a deux fils, Ésaü et Jacob (Genèse, XXV, 23); les deux royaumes de Juda et d'Israël ainsi que les deux Tables de la Loi (II Maccabées, III, 26); les deux chérubins de Zacharie (Zacharie, IV, 3 et XI, 7). Dans le Nouveau Testament, il est entre autres question des deux glaives de Pierre (Luc, XXII, 38) et des deux larrons (Matthieu, XXVII, 38).

Notre époque aura vu triompher le système binaire, inventé par le philosophe et mathématicien Leibniz (1646-1716). Ce système ne met en jeu que deux chiffres : le 0 et le 1. L'unité s'écrit 1, mais deux devient 10, c'est-à-dire une unité du 2e ordre plus 0 unité du 1er ordre. Trois s'écrit 11; quatre s'écrit 100, quinze s'écrit 1111 et ainsi de suite (voir chapitre 7, «Le système binaire»).

Les puissances de 2, dont 4, 8, 16, s'écrivent 100, 1000, 10 000... Cette numération est employée pour le fonctionnement des machines à calculer dont le principe n'offre que deux possibilités, comme par exemple le circuit ouvert 0 et le circuit fermé 1 dans le courant électrique. Le système binaire est également celui qui est utilisé pour le fonctionnement des ordinateurs actuels.

Le nombre trois

S'il est un nombre fascinant, c'est bien celui-ci! Il suffit de diviser un par trois pour voir apparaître l'éternelle série de trois dans le quotient et celle de un dans les restes pour le constater [Fig. 1]. C'est un nombre impair et premier, donc divisible par lui-même et par l'unité.

Fig. 1
Tableau de la division un par trois

1	3
10	0,3333333
10	
10	
10	
10	
10	
10	

On connaît bien la place qu'occupe ce nombre dans la théologie chrétienne. Il y a trois Rois mages qui symbolisent peut-être les trois fonctions du Christ naissant : roi, prêtre et prophète. La foi, l'espérance et la charité sont les trois vertus théologales, et la Trinité est la pierre angulaire de cette religion. C'est l'union de trois personnes distinctes, mais qui ne forment qu'un seul et même Dieu : le Père, le Fils et le Saint-Esprit dans l'unité d'une même nature et d'une même substance. Cette idée de trinité était enseignée en Grèce et en Égypte, et l'ancienne religion de l'Inde avait aussi sa trinité (Trimurti), composée de Brahma (le Créateur), de Vishnu (le Conservateur) et de Shiva (le Destructeur). Quant aux Égyptiens, ils vénéraient la triade divine formée par Osiris (dieu du Bien, de la Végétation et du Nil), Isis, épouse d'Osiris (personnification de la fécondité et de la terre), et

Horus, leur fils. Il ne faut pas s'étonner qu'il ait tué son père, car il était représenté soit sous l'aspect d'un faucon, soit sous celui d'un épervier!

La formulation ternaire est donc très à l'honneur dans les Écritures chrétiennes, tout comme dans le Zohar, traité ésotérique juif où l'interprétation mystique occupe une place prépondérante. En effet, pour les kabbalistes, tout procède par trois pour ne faire qu'un. En tout acte, un par lui-même, se distinguent le principe agissant (cause ou sujet de l'action), l'action de ce sujet (ou verbe) et l'objet de cette action (son résultat).

La géométrie ne fait pas exception à la règle avec le triangle, figure obtenue en reliant trois points non alignés par des segments de droite. Les vitraux des églises où le mot Dieu apparaît en sont d'ailleurs abondamment ornés. Pour les Hébreux, le triangle équilatéral (trois côtés égaux) représentait la perfection. Il est vrai qu'en le regardant, on éprouve une impression d'équilibre et de stabilité. Il est pourtant moins riche de signification que le triangle sacré égyptien, dont les deux côtés de l'angle rectangle (ou droit) mesurent 3 cm et 4 cm pour une hypoténuse de 5 cm, longueurs respectant la série arithmétique 3, 4, 5, d'où son qualificatif «sacré» [Fig. 2]. Notons que ce triangle n'est pas unique, mais qu'il est le plus connu.

Fig. 2
Triangle sacré égyptien

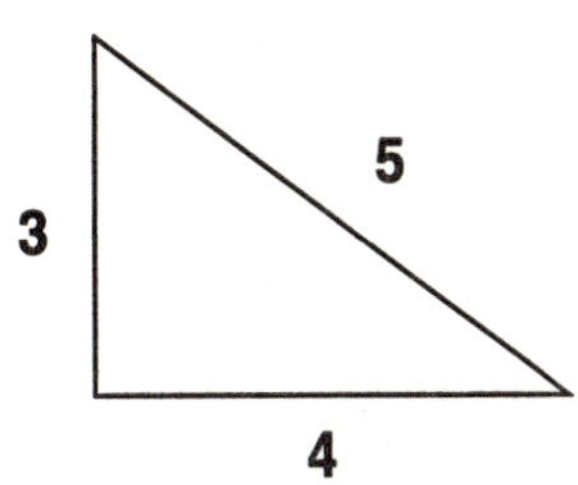

Il existe un autre triangle, peut-être encore plus riche et mystérieux, contenant en l'une des relations de deux de ses côtés un nombre extraordinaire appelé Phi ou nombre d'or — en hommage au sculpteur grec Phidias. Examinons ce fameux triangle isocèle (deux côtés égaux), qu'on qualifie de sublime [Fig. 3]. Son angle au sommet est de 36°, les deux autres sont de 72°.

Fig. 3
Triangle isocèle sublime

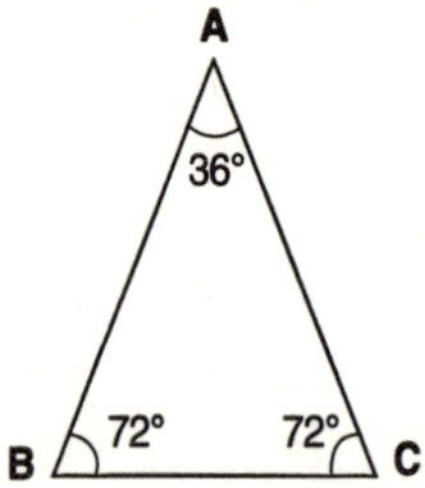

Voici la surprise que nous avions promise : le rapport entre la longueur du côté AB et celle du côté BC donne Phi, dont l'astronome Kepler disait qu'il est un joyau de la géométrie, AB/BC = Phi. C'est le nombre d'or, présent dans le monde végétal et animal. Connu depuis l'Antiquité, les artistes et les architectes de toutes les civilisations l'ont largement utilisé. D'ailleurs nous y reviendrons plus en détail (chapitre 2).

Le trois et le triangle sont deux éléments essentiels de la pensée et de l'art. Pour établir une comparaison ou un rapport entre des quantités ou entre des concepts, il faut y parvenir par le noyau de la formule ternaire. Il est très symptomatique que l'on accorde moins d'importance dans l'enseignement à l'application de la règle de trois en arithmétique. Le nombre trois implique une idée d'harmonie et de loi. N'est-ce pas plutôt l'incohérence et le désordre qui règnent actuellement dans bien des esprits? Il est impossible de comprendre le moyen d'obtenir un pourcentage sans avoir bien saisi le principe de la règle de trois. Lorsqu'une jeune intelligence a été accoutumée à la pratiquer, elle établira plus facilement à l'âge adulte des rapprochements et des comparaisons pertinentes. C'est un excellent exercice pour l'esprit. Prêtez-vous au jeu et essayez de résoudre le petit problème suivant qui est une application inverse de la règle de trois. Il faut 25 mètres d'étoffe de 0,80 m de large pour recouvrir un mur. Combien en faudrait-il si ladite étoffe mesurait 1,10 m de large? La méthode de réduction à l'unité est la plus simple. (Il faut multiplier 25 par 0,8 et diviser le produit ainsi obtenu (20) par 1,1; la réponse est donc 18,8 mètres.)

Ce genre de problèmes élémentaires fait sourire les esprits forts. Il est pourtant bien connu que la plupart des cadres d'entreprise n'ont guère d'autre opération à effectuer que la règle de trois. Les calculs qui font appel à des connaissances bien plus élevées ne sont guère utilisés que dans l'industrie. Mais ne nous y trompons pas : il est des applications de la règle de trois fort difficiles. Le fait d'être à l'aise dans leur usage est un très bon test d'intelligence logique.

On dit que trois est un nombre triangulaire parce que les trois points jetés en quelque sorte à la volée sur le papier ne peuvent former qu'un triangle. Il n'est pas sans intérêt de faire remarquer que cette figure est constituée aussi de trois sommets par lesquels il est possible de faire passer un cercle, et un seul. Par ailleurs, le triangle peut engendrer le cône (dont la forme est symbolique puisqu'elle contient le point, la ligne, le cercle, la surface, le volume) qui, à son tour, peut générer, grâce à ses sections, l'ellipse, l'hyperbole et la parabole (qui sont des courbes précisément dites coniques).

Nous avons vu que le triangle équilatéral créait une impression d'équilibre et d'harmonie. Le philosophe et mathématicien grec Pythagore comparaît Zeus (divinité représentant le principe supérieur) à ce triangle.

Le symbole ternaire inspire aussi la franc-maçonnerie. L'équerre est un des objets de son rituel, et ses adeptes manifestent leur appartenance en incorporant trois points dans leur signature. On peut toutefois imaginer que les francs-maçons de haut grade ne se prêtent pas à cette façon un tantinet naïve pour se faire connaître!

Revenons à l'importance du trois dans l'Ancien Testament en citant quelques exemples. Le patriarche biblique Noé eut trois fils : Sem, Japhet et Cham, maudit pour s'être moqué de la nudité de son père. Jésus prédit à Pierre qu'il le renierait trois fois (Matthieu, XXVI, 34). Soulignons également l'épisode de la sépulture, rapporté dans l'Évangile : «Le lendemain, qui était le samedi, les Princes des prêtres et les pharisiens allèrent trouver Pilate et lui dirent : "Seigneur, nous nous sommes rappelé que cet imposteur, lorsqu'il vivait encore, a dit : "Après trois jours, je ressusciterai". Commandez donc que son sépulcre soit gardé jusqu'au troisième jour."»

Comme en témoigne cet extrait du verset III, art. 36, le Coran fait, lui aussi, une place au nombre trois : «Seigneur, donne-moi un signe comme gage de ta promesse. Voici le signe répondit l'Ange : "Pendant trois jours tu ne parleras aux hommes que par des signes."»

L'ésotérisme des penseurs de l'Antiquité reconnaissait, lui aussi, la fascination du nombre trois, et l'agnosticisme de ces derniers ne les a pas empêchés de convenir de l'existence d'une réalité supérieure habitée par des énergies. Pour eux, l'univers était composé de trois grandes divisions (le monde matériel, le monde psychique et le monde spirituel) et l'homme disposait de trois modes de vie (le corps correspondant au monde matériel, l'âme au monde psychique et l'esprit au monde spirituel). Pour Pythagore et Platon, le microcosme représenté par l'homme était associé au macrocosme. Enfin la tradition hindoue distingue trois voies principales ou «margas» : la voie de l'action ou «karma», celle de la dévotion ou «bhakti» et celle de la connaissance ou «juana».

Après ce survol, il est probable que le lecteur soit

déjà convaincu de l'éminente place qu'occupe le nombre trois aussi bien dans l'ésotérisme ancien que dans le symbolisme de notre civilisation et dans celui de bien d'autres.

Le nombre quatre

Si l'on additionne les quatre premiers nombres, en base 10, on obtient $1 + 2 + 3 + 4 = 10$. Ce qui apparaît ici comme une vérité élémentaire est toutefois plus profond qu'il n'y paraît. Les pythagoriciens avaient baptisé cette somme «tetraktys». Les personnes férues d'ésotérisme sont fascinées par cette addition. Remarquons tout d'abord qu'elle est une progression arithmétique dont le premier terme est l'unité et dont la raison — c'est-à-dire le nombre constant que l'on ajoute à chaque terme pour obtenir le suivant — est aussi égal à un. Nous y reviendrons lorsque nous parlerons du nombre dix.

Le quatre a toujours évoqué ce qui est solide et intangible. Ce n'est pas un hasard si les créateurs du tarot divinatoire ont représenté l'Empereur assis sur un cube — c'est-à-dire la Terre — et lui ont attribué le quatrième rang des vingt-deux cartes. Les Anciens voyaient quatre éléments dans l'univers : l'air, l'eau, le feu et la terre, auxquels d'ailleurs Hippocrate (médecin grec, ~460-~377) a associé quatre composantes du tempérament humain : le sanguin à l'air, le lymphatique à l'eau, le bilieux au feu et le nerveux à la terre.

Il y a aussi quatre évangélistes, Matthieu, Marc, Luc et Jean, nombre délibérément établi par l'Église, qui aurait très bien pu en faire connaître plusieurs autres.

Le nombre quatre caractérise également plusieurs phénomènes naturels. Il y a quatre saisons et il y a quatre états de la matière : le solide, le liquide, le gazeux et le plasma qui est un gaz porté à haute température. Cette dernière découverte assez moderne correspond bien à une réalité. Une flamme est-elle gazeuse ou solide? Et que dire d'une étincelle électrique? Le Soleil et les étoiles sont, quant à eux, constitués de plasma.

Il existe aussi quatre points cardinaux, dont le symbolisme peut être transposé en graphisme. Les graphologues se servent de cette application. Il est parfois utile de savoir qu'une écriture dont certains traits — entre autres ceux du «x» et du «t» — se dirigent vers le sud-ouest de la page (en bas à gauche) indique du ressentiment et qu'une autre composée de traits lancés vers le nord-est (en haut à droite) révèle une ambition inassouvie ou la poursuite d'une chimère inaccessible.

Dans la tradition des soufis, adeptes de la religion musulmane, la voie d'accès à la mystique passe par quatre portes, dont chacune est respectivement associée à l'air, au feu, à l'eau et à la terre. La première porte est la lettre de la religion. En d'autres termes, l'interprétation littérale des textes et l'application formelle des enseignements, c'est l'air. La deuxième porte correspond à l'engagement dans la discipline de l'ordre choisi, c'est le feu. Ceux qui ont pu la franchir sont des ascètes. Cet état est assez proche de la voie purificatoire des chrétiens. La troisième porte concerne la connaissance mystique et gnostique, c'est l'eau. Quant à l'adepte qui atteint Dieu et se fond en lui, il passe dans l'élément le plus dense, la terre. Nous retrouvons ici une idée de la voie unitive des chrétiens avec cette différence énorme que l'état parfait d'une âme ne peut être que supraterrestre.

Autre exemple : lorsque Bouddha se rendit près de Bénarès, il instaura la «Roue de la Loi» avec un premier sermon qui proclamait quatre vérités : la noble vérité sur la douleur, tous les objets d'attachement étant douleur; la noble vérité sur l'origine de la douleur, la soif de l'existence conduisant de renaissance en renaissance; la noble vérité sur la suppression de la douleur, l'extinction de cette soif étant possible par l'anéantissement complet du désir; puis la noble vérité, moyen d'arriver à cet affranchissement par la pratique des huit branches du «noble octuple Sentier» — qui se nomment compréhension juste, pensée juste, action juste, moyens d'existence justes, effort juste, attention juste, concentration juste et parole juste.

Les Égyptiens ont eux aussi utilisé abondamment le symbolisme quaternaire. Les pyramides (ou tétraèdres) ont une base quadrangulaire orientée vers les quatre points cardinaux. Elles ont quatre faces triangulaires, illustrant ainsi magnifiquement le trois et le quatre dont la somme donne sept et le produit douze.

Dans l'Ancien Testament, le quatre est également à l'honneur. En voici quelques exemples : «Un fleuve sortait d'Éden pour arroser le jardin et de là il se partageait en quatre bras. Le nom du premier est Phison; c'est celui qui entoure tout le pays d'Héribath où se trouve l'or. Le nom du deuxième fleuve est Géhon. (...) Le nom du troisième est le Tigre, c'est celui qui coule à l'orient. Le quatrième fleuve est l'Euphrate.» (Genèse II, 10); «Il lèvera l'étendard pour les nations. Il rassemblera les dispersés de Juda des quatre bouts de la terre.» (Isaïe, XI, 12); «(...) et un quatrième royaume sera fort comme le fer (...)» (Daniel, II, 40); «(...) les quatre vents du ciel remuèrent la grande mer et quatre grandes bêtes montèrent de la mer (...)» (Daniel, VII, 3); «(...) au milieu il y avait quelque chose qui ressemblait à quatre êtres vivants (...)» (Ézéchiel, I, 5). On y fait aussi référence dans le Nouveau Testament : «Alors il enverra les anges et rassemblera ses élus des quatre vents, de l'extrémité de la terre à l'extrémité du ciel (...)» (Marc, XIII, 27); «Je vis quatre anges qui se tenaient aux quatre coins de la terre; ils retenaient les quatre vents de la terre (...)» (Apocalypse, VII, 1).

Soulignons que la croix est un symbole quaternaire et que ce sont quatre lettres qui y sont gravées : INRI, *Iesus Nazarenus Rex Iudaeorum.*

L'univers de la musique profane est aussi imprégné de symbolisme. Pensons à la célèbre *Tétralogie* de Richard Wagner, cycle dramatique composé de quatre opéras : *L'Or du Rhin, La Walkyrie, Siegfried* et *Le Crépuscule des dieux*.

Comme vous pouvez le constater, le quatre contient,

à l'instar d'autres nombres, un enseignement et un mystère. Le «tetraktys» dont nous avons déjà parlé n'est pas une simple addition. C'est la synthèse de l'unité, du Pair et de l'Impair, et de la Mesure. Dans son livre *Le mystère des nombres,* Lucien Gérardin (voir bibliographie) en donne une lumineuse explication. Le nombre quatre et ses multiples successifs sont engendrés par l'addition de deux impairs successifs (1 + 3 = 4 = 1 x 4, 3 + 5 = 8 = 2 x 4, 5 + 7 = 12 = 3 x 4) ou par l'addition d'un pair à lui-même (2 + 2 = 4 = 1 x 4, 4 + 4 = 8 = 2 x 4, 6 + 6 = 12 = 3 x 4).

Le nombre cinq

Ce nombre possède un symbolisme peut-être encore plus riche que son prédécesseur. Nombre premier situé au milieu des neuf premiers nombres, il est la somme du premier nombre pair et du premier nombre impair, eux-mêmes premiers. Certains auteurs disent qu'il est sphérique parce que sa multiplication par lui-même — soit avec un exposant, soit avec un multiplicateur — aboutit à un produit qui contient toujours un cinq dans les unités ($5^2 = 25$, $5^3 = 125$, $5^4 = 625$, $55 \times 5 = 275$, $75 \times 5 = 375$). Rappelons également ce que nous disions à propos du triangle rectangle, dont les deux côtés mesurent respectivement 3 cm et 4 cm, et l'hypoténuse 5 cm.

Soulignons au passage que Léonard de Vinci réalisa un dessin célèbre représentant l'homme inscrit dans ce que d'aucuns désignent sous le nom de pentagramme (étoile à cinq branches), où le personnage nu a les bras et les jambes écartés [Fig. 4].

Fig. 4
Version du dessin de Léonard de Vinci

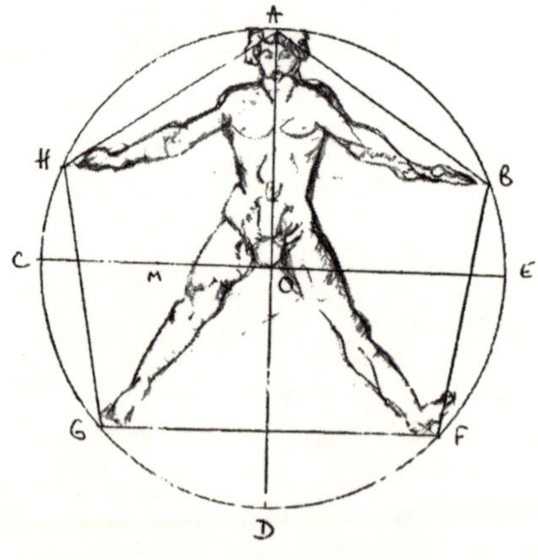

La configuration du pentagone (polygone qui a cinq sommets et, par suite, cinq côtés) est aussi fascinante.

Le simple fait que la forme du corps humain trouve une sorte de place harmonieuse dans cette figure est déjà un sujet de méditation. Les artistes de la Renaissance et les philosophes pythagoriciens s'y sont intéressés. Les Américains ont même imaginé un édifice inspiré de cette figure pour y abriter l'état-major des Forces armées.

Le nombre de mots français d'origine grecque ou latine dont le sens signifie cinq est impressionnant. Le Pentateuque est constitué des cinq premiers livres de la Bible. Le pentathlon était le nom donné par les Grecs à cinq exercices : le saut, la course, le lancement du disque et du javelot, la lutte. Ce genre de compétition existe toujours; le pentathlon moderne comporte des épreuves de cross, d'équitation, de natation, d'escrime et de tir. La Pentecôte, fête chrétienne, a été établie en commémoration de la descente du Saint-Esprit sur les apôtres le cinquantième jour après la résurrection de Jésus-Christ et se célèbre le cinquantième jour, multiple de cinq, après Pâques. La Quinquagésime est le dimanche précédant le premier dimanche de carême, cinquantième jour avant Pâques. À Rome, il existait des fêtes dites quinquennales, qui se reproduisaient tous les cinq ans et la cinquième année du principat d'un empereur. Le clocher de la cathédrale de Sées (dans l'Orne), datant du XIIe siècle, est orné d'une quintefeuille, fleur héraldique à cinq pétales. Et que dire du mot quintessence, choisi pour exprimer le raffinement après avoir signifié les quatre éléments ou essences des corps : la terre, l'eau, l'air, le feu et l'éther (cinquième élément ajouté aux quatre éléments d'Empédocle)? Chez les Anciens, l'éther désignait la substance censée remplir les régions supérieures de l'atmosphère. Pour les alchimistes, il avait sûrement un sens spirituel.

Nous ne saurons probablement jamais si le fait de posséder cinq sens résulte d'une volonté divine, mais nous ne pouvons certainement pas nier l'importance des sensations dans l'acquisition des connaissances.

Mentionnons simplement ce passage de la Genèse : «Que la terre fasse sortir des êtres vivants selon leur espèce, du bétail (...). Alors Dieu dit : "Faisons l'homme à notre image, selon notre ressemblance (...)"» (Genèse, I, 24-26).

Dans l'islam, le cinq est le nombre des heures, de la prière, des biens pour la dîme, des genres de jeûne, des motifs d'ablution et des dispenses pour le vendredi. Dans l'Évangile, certains passages, dont celui-ci, y font allusion : «Nous n'avons ici que cinq pains et deux poissons (...)» (Matthieu, XIV, 17).

Pour terminer, examinons simplement ce carré magique de 5, base 65 [Fig. 5]. Vous verrez que la somme de tous les nombres dans le sens vertical ou horizontal est toujours la même (65)! Faites la même opération dans le sens des diagonales qui se rencontrent dans le carré 13, vous serez surpris du résultat! Remarquez en outre que les carrés en diagonale à partir de l'angle en haut à gauche (carré 11) sont en progression arithmétique de raison 1, tandis que ceux qui partent de l'angle en haut à droite (carré 3) sont de raison 5.

Fig. 5
Carré magique de 5, base 65

11	24	7	20	3
4	12	25	8	16
17	5	13	21	9
10	18	1	14	22
23	6	19	2	15

Le nombre six

Si le nombre cinq a piqué votre curiosité, voyez un peu ce que vous réserve le six. Notons tout d'abord qu'il a une très curieuse propriété : il est à la fois la somme des trois premiers nombres (1 + 2 + 3 = 6) et leur produit (1 x 2 x 3 = 6). De plus, il est le premier nombre parfait, c'est-à-dire égal à la somme de ses diviseurs (1 + 2 + 3 = 6).

Selon le docteur Allendy, le Sénaire exprime une conséquence du principe quinaire, lui-même représentant l'existence objective et l'individualité des créatures. Le Sénaire étant un nombre pair, il évoque une idée d'équilibre, une sorte de correspondance statique entre deux termes analogues et non pas une action transitoire. Pour nous, le nombre sénaire n'est pas aussi parfait que le Septénaire, car ce dernier ne peut être divisé sans nuire à sa nature. Enfin, le Sénaire est un nombre triangulaire par sa forme [Fig. 6 et 7]. Ce type d'expression n'est pas géométrique; le lecteur comprendra ce qu'il faut en comprendre en examinant ce qui suit.

Fig. 6 et 7
Le six, nombre triangulaire par sa forme

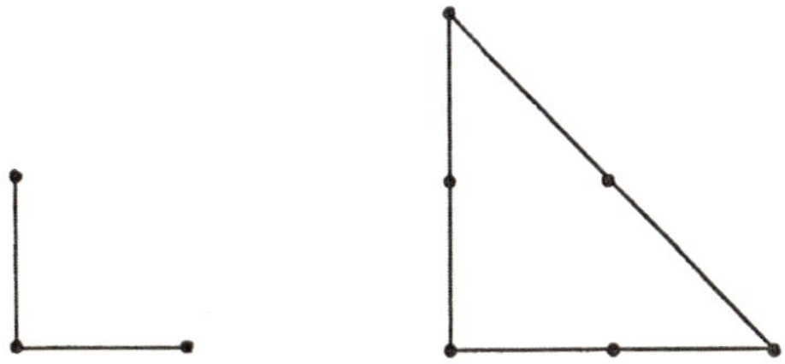

En somme, le six représente deux complexes d'activités ternaires, dont l'une peut être vers le Bien et l'autre vers le Mal. Les propriétés respectives des triangles équilatéraux et du cercle ne laissent pas de donner à réfléchir un esprit quelque peu enclin à la philosophie et surtout à l'acceptation des harmonieux mystères dont nous sommes témoins à chaque instant.

Un ensemble de six triangles équilatéraux forme un hexagone [Fig. 8], qui peut aussi ne contenir que deux triangles. La figure prend alors l'aspect d'une étoile si le sommet d'un triangle est placé en haut et l'autre en bas. Ce dessin très célèbre est connu sous le nom de Sceau de Salomon, étoile à six branches formée par la superposition de deux triangles dont un des sommets est orienté vers le haut et l'autre vers le bas [Fig. 9]. Il est le symbole du macrocosme selon lequel ce qui est en haut est comme ce qui est en bas.

Fig. 8
Hexagone

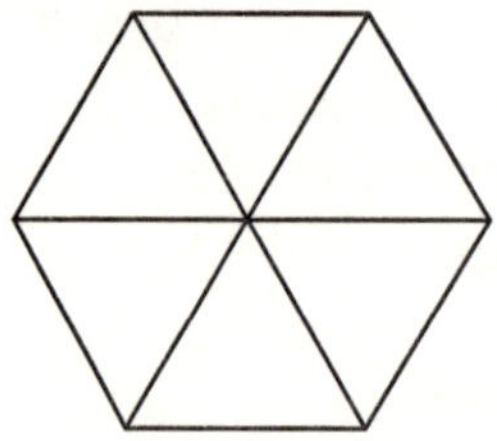

Fig. 9
Sceau de Salomon

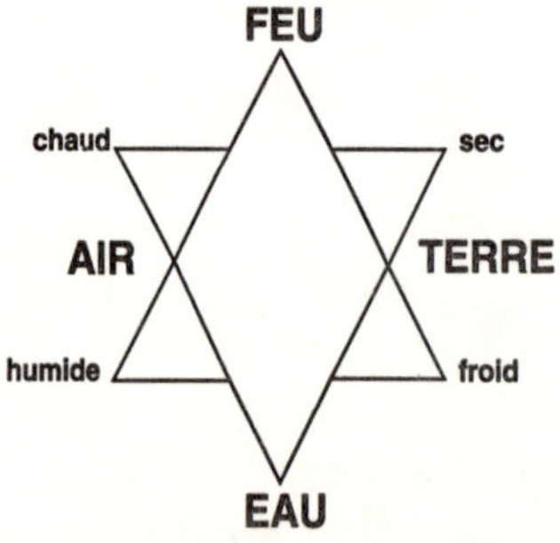

Chez les hindous anciens, cette réunion de deux triangles inversés évoquait la création, l'ensemencement; elle symbolisait la pénétration du soc de la charrue dans la terre. C'était la Yoni, la matrice, dans laquelle pénétrait le Linga, l'organe générateur. Inutile de préciser que ce n'est là qu'une interprétation profane, car ce symbolisme était aussi porteur d'un sens spirituel, aussi bien chez les Hébreux que chez les Indiens, outre qu'il pouvait représenter l'union des principes masculin et féminin. Enfin, cette figure est très à l'honneur auprès des hermétistes puisqu'elle évoque les quatre éléments de l'univers. Le lecteur voudra bien remarquer les correspondances entre les éléments et leurs propriétés : le feu engendre la chaleur et la sécheresse, alors que l'eau crée l'humidité et le froid, etc.

Notre dernière remarque concerne l'origine du mot six, du latin *sex*. La racine sanskrite ou indo-européenne de ces deux mots a donné naissance à des mots comme scier, signer, sceau, sceller, etc. On retrouve l'idée de couper et de diviser, donc une idée du Mal puisque *diabolos* signifie en grec «diviser».

Dans l'Apocalypse — mot qui signifie au sens propre «soulever le voile» et au sens figuré «révélation» —, il est écrit : «(...) que le possesseur d'intelligence calcule le chiffre de la Bête! C'est un chiffre d'homme : son chiffre est six cent soixante-six.» Puis de la Bête il est dit : «Il lui fut donné une bouche qui proférait des paroles hautaines et des blasphèmes (...)» (Apocalypse, XIII, 5 et 18).

Le nombre sept

Nous voici arrivés à un nombre particulièrement fascinant. Considéré comme l'un des nombres les plus fortement chargés de spiritualité, le sept a donné ou plutôt donne toujours matière à réflexion. Quant au mystère qui l'entoure... À défaut de trouver réponse à toutes nos interrogations, arrêtons-nous un instant pour regarder une de ses propriétés. Divisons un par sept et examinons les résultats [Fig. 10].

Fig. 10
Tableau de la division un par sept

1	7
30	0,142857/142857
20	
60	
40	
50	
10	
30	
20	
60	
40	
50	
10	

On s'aperçoit que les restes constituent une série et qu'il en est de même pour les quotients. Si l'on poursuivait l'opération, les séries reviendraient sans cesse, comme une roue sans fin. Cette constance n'est pas la seule étrangeté de ce nombre, car si l'on multiplie chaque bloc de la série des quotients par les chiffres en progression arithmétique à partir de deux, on constate que les chiffres du produit retrouvent ceux du quotient dans le même ordre, sauf pour sept!

142857 x 2 = 285714
142857 x 3 = 428571
142857 x 4 = 571428

142857 x 5 = 714285
142857 x 6 = 857142
142857 x 7 = 999999
142857 x 8 = 1142856
142857 x 9 = 1285713

Autre particularité. Si l'on multiplie par sept un des termes de la progression arithmétique dont le premier terme et la raison sont égaux à 15 873 (tels que chacun des termes est égal à la somme des deux précédents), le produit obtenu donne un nombre composé de six chiffres identiques. La valeur du chiffre constant est donnée par le rang qu'occupe ledit terme dans la progression.

15 873 x 2 = 31 746
31 746 + 15 873 = 47 619
47 619 + 15 873 = 63 492
63 492 + 15 873 = 79 365
79 365 + 15 873 = 95 238
95 238 + 15 873 = 111 111
111 111 + 15 873 = 126 984
126 984 + 15 873 = 142 857

Il est également possible de présenter ces opérations de la manière suivante :

15 873 x 7 = 111 111
15 873 x 9 = 142 857

Prenons l'exemple du cinquième terme dont la valeur du chiffre constant est donnée par le rang occupé dans la progression (soit le 5) :

79 365 x 7 = 555 555

Les mathématiciens estiment que ce résultat est facile à expliquer. Regardons cela de plus près :

15 873 x 7 = 111 111
et comme 79 365 = 15 873 x 5
et que 79 365 x 7 = 555 555
555 555 = 15 873 x 7 x 5
puisque 111 111 x 5 = 555 555

Il est d'ailleurs bien connu que le produit d'un nombre composé de chiffres un par l'un des neuf premiers est formé de chiffres tous identiques au multiplicateur.

Ex : 111 111 x 7 = 777 777

Ajoutons que sept est un nombre premier. C'est donc un seigneur intangible qui n'admet pas d'être divisé si ce n'est par lui-même ou par l'unité. Nous verrons plus loin que le fait de ne pas être un nombre premier n'enlève rien au mystère et à la majesté d'un nombre, comme c'est le cas pour douze.

Laissons un instant les mathématiques pour nous tourner vers d'autres domaines où le sept est dignement représenté. Au VIe siècle av. J.-C., il existait en Grèce un groupe formé de législateurs et de philosophes désigné sous le nom des Sept Sages, dont le plus ancien est Thalès de Milet, célèbre pour son fameux théorème — toute parallèle à la base d'un triangle divise celle-ci en deux triangles semblables de côtés proportionnels — que la plupart d'entre nous ont découvert à l'adolescence. Autre référence : le Septentrion, les sept étoiles de la constellation de la Grande Ourse désignées comme étant les sept voies ou *Septem Triones,* qui, en langage poétique, désigne le nord.

On trouve dans les Écritures chrétiennes bon nombre de passages où le sept est à l'honneur. «Pierre s'approcha de Lui et dit : "Seigneur, combien de fois pardonnerai-je à mon frère lorsqu'il péchera contre moi? Sera-ce jusqu'à sept fois?" Jésus lui dit : "Je ne te dis pas jusqu'à sept fois, mais jusqu'à septante fois sept fois."» Au septième chapitre de la Genèse, Dieu dit à Noé : «Tu prendras pour toi sept couples, mâles et femelles (...) de même des oiseaux du ciel qui sont purs, sept paires. Car encore sept jours (...).» Salomon bâtit le Temple en sept ans. Dans l'Apocalypse, saint Jean mentionne sept esprits de Dieu, sept sceaux, sept trompettes, sept coupes et sept rois.

Rappelons aussi que les Juifs devaient laisser la terre en jachère tous les sept ans et abolir les dettes tous les carrés de sept (c'est-à-dire après 49 ans); c'est ce qu'ils dénommaient l'année jubilaire. Et que les pèlerins de La

Mecque doivent tourner sept fois autour de la Kaaba et faire sept parcours entre les monts Cafa et Marnia.

Les amateurs d'hermétisme considèrent que le système septénaire peut être décomposé en un Ternaire supérieur, correspondant aux notions de cause finale, cause exemplaire, cause efficiente, et un Quaternaire inférieur, correspondant aux éléments feu, air, eau, terre. Cette union peut être représentée par des triangles, des losanges ou des carrés [Fig. 11 et 12].

Fig. 11 et 12
Représentation hermétique du système septénaire

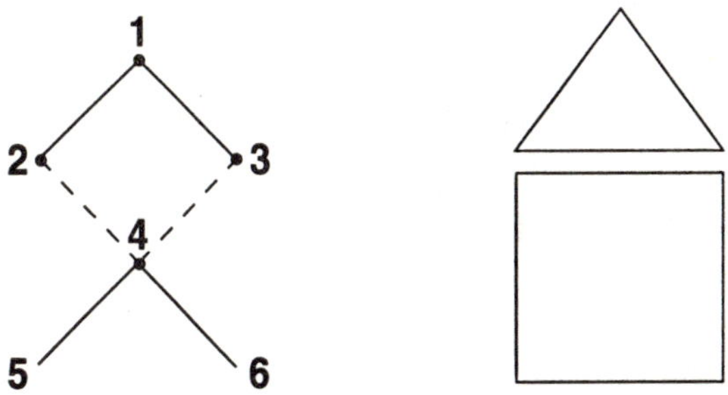

Ces figures symboliques sont destinées à mettre en relief l'association du nombre quatre, qui représente la terre et ses points cardinaux, avec le trois, qui évoque le ciel. La somme de ces deux nombres représenterait la totalité de l'univers.

Il semble que les Égyptiens considéraient le chiffre sept comme un symbole d'éternité. Quant à Philon d'Alexandrie, philosophe grec très versé dans l'interprétation allégorique, on dit qu'il était frappé par le fait que la période lunaire dure sept jours et que quatre d'entre elles ferment le cycle, soit 7 x 4, produit obtenu par l'addition des sept premiers nombres (1 + 2 + 3 + 4 + 5 + 6 + 7 = 28).

En caractérologie et en morphologie, des rapprochements pertinents ont été établis avec le Soleil et six planètes. L'initiative revient au type dit Soleil, la sensibilité à la Lune, l'activité et la mobilité à Mercure, la combativité à Mars, le sentiment à Vénus, la puissance à Jupiter et la concentration à Saturne. C'est ce que René Allendy désigne sous le nom de «Septénaire des facultés».

Dans la religion catholique, on remarque que les trois vertus théologales (foi, espérance, charité) sont associées au Quaternaire des vertus dites cardinales (force, tempérance, justice, prudence) et qu'elles ont pour contraires les sept péchés capitaux : orgueil, paresse, envie, colère, luxure, gourmandise, avarice, qui peuvent toutefois être vaincus par les sept sacrements et les sept invocations du Pater : «Que votre nom soit sanctifié / Que votre règne arrive / Que votre volonté soit faite / Pardonnez-nous nos offenses comme nous pardonnons à ceux qui nous ont offensés / Donnez-nous aujourd'hui notre pain de chaque jour / Ne nous laissez pas succomber à la tentation / Mais délivrez-nous du mal.»

Une classification relativement semblable se trouve dans le Zohar (ou Sefer ha-Zohar), traité ésotérique juif à la base de l'enseignement kabbaliste, qui date du XIIe siècle selon certains auteurs et du XIIIe selon d'autres — donc postérieur à l'Évangile. On y mentionne sept fautes majeures : l'orgueil, le crime, l'envie, la colère, l'impureté, la concupiscence, l'idolâtrie.

Cette attirance pour des composantes de chiffres dont la somme donne sept est tout à fait révélatrice. En effet, ces nombres n'ont pas été choisis arbitrairement par nos ancêtres, il semble qu'ils soient plutôt la manifestation d'une inspiration d'ordre spirituel. Si l'on se contente de dire que l'origine de cet usage de quelques nombres dans le domaine religieux réside dans les propriétés mathématiques, on n'explique pas tout puisque l'on ne dit pas pourquoi lesdites propriétés existent.

Un dernier commentaire sur le mot sept. Son origine est lointaine puisque le sanskrit — d'où viennent les langues occidentales — désigne le même concept sous le nom de *sapta.* Ce terme était utilisé symboliquement dans les textes de l'Atharva-Veda, l'un des quatre livres sacrés de l'Inde. Il était synonyme de l'idée de sagesse, d'océan, de montagne ou d'île-continent. Quel peut bien être le lien entre ces éléments? Très certainement une allusion aux Sept Sages des temps védiques, aux sept océans cosmiques, aux sept pentes du mont Meru, aux sept îles-continents des mythologies et cosmologies hindoues.

Le nombre huit

Puisque nous venons de parler de l'Inde, disons tout de suite que les bras de Vishnu sont au nombre de huit. Vishnu est la deuxième divinité de la Trimurti (ou trinité brahmanique), la première étant Brahma et la troisième Shiva. Vishnu est le dieu de la force conservatrice de l'univers. Parfois il s'incarne pour descendre sur terre. C'est ce que l'on désigne sous le nom d'avatars. S'il s'incarne en homme, il se nomme Krichna, si c'est en prédicateur hérétique, il devient Bouddha. Vishnu est généralement représenté portant une tiare sur la tête, son épouse Lakshmi à ses côtés. Les huit bras de Vishnu sont les gardiens de l'espace. Les formes de Shiva sont également au nombre de huit, tout comme les chapelles de Bouddha.

Il existe au Japon un centre d'éducation spirituelle d'inspiration syncrétiste. Les statues de ceux que les créateurs tiennent pour de simples Sages sont au nombre de huit : Cakyammi, fondateur du bouddhisme, Confucius, personnage majeur dans la civilisation chinoise, Socrate — que l'on ne présente plus —, Jésus, le prince Shotoku, Kohô Daishi et les prêtres Shiuran et Nichiren (XIIIe siècle). On voit que les Japonais ne se sont pas oubliés et qu'ils ont placé les êtres les plus dissemblables au même niveau. L'important à retenir, c'est que le plan de l'édifice est octogonal, sans doute pour faire comprendre que la sagesse est multiforme.

Le huit fait également bonne figure dans la théologie chrétienne : Noé, sa femme, ses trois fils et les trois femmes de ses fils purent entrer dans l'arche et être sauvés du déluge. Dans l'Évangile, le Sermon sur la Montagne détaille les huit béatitudes, voies d'accès au royaume des cieux, et le Sauveur ressuscite le huitième jour.

Ajoutons que la lemniscate [Fig. 13], qui a la forme

d'un huit couché, symbolise l'infini. Peut-être cette courbe du quatrième degré évoque-t-elle l'infini parce qu'elle correspond au lieu géométrique des points tels que le produit de leurs distances à deux points fixes est constant?

Fig. 13
La lemniscate, symbole de l'infini

Autre référence : la croix potencée [Fig. 14], ainsi nommée parce qu'elle a les extrémités élargies en potence, s'inscrit dans une figure octogonale comme celle que nous représentons ici.

Fig. 14
La croix potencée

Quant à la fameuse rose des vents, elle est un dédoublement des quatre directions fondamentales. Nous avons en plus le nord-est, le sud-est, le sud-ouest et le nord-ouest, orientations utiles au graphologue lorsqu'il analyse certains traits de l'écriture. La figure de la rose des vents, utilisée jadis par les navigateurs, est une étoile à trente-deux divisions (aires du vent) donnant les points cardinaux et collatéraux.

Signalons enfin que certains Pères de l'Église tinrent le nombre huit comme le symbole de la régénération et de la résurrection glorieuse. Ce n'est certainement pas un hasard non plus si de nombreux fonts baptismaux ont ou plutôt avaient une forme octogonale. D'ailleurs, édifier une église en méprisant tout symbolisme ne revient-il pas à construire un bâtiment profane?

Le nombre neuf

Il y avait dans la mythologie antique neuf Muses qui présidaient aux arts libéraux. Comme le nom de ces déesses est d'une importance relative, retenons simplement qu'elles étaient toujours représentées sous l'aspect de jeunes filles. Sans doute leur attribuait-on le pouvoir d'inspirer les artistes. Ce sont peut-être elles qui ont inspiré le sculpteur du porche central de Notre-Dame de Paris à qui vint l'idée de donner à l'échelle de l'alchimie neuf degrés.

Certains excellents auteurs, dont Claude Peignot (voir bibliographie), font un rapprochement entre l'idée de renouvellement inspirée par la pénitence et affirment que neuf est le nombre de ce qui est neuf. Malheureusement, l'étymologie grecque du mot neuf dans le sens de nouveau est *neos* ou *newos,* tandis que celle du mot qui désigne le nombre neuf est *heu-nea* ou *heu-newa.* Il est vrai que le sanskrit donne *navah* pour nouveau et *nava* pour neuf s'il s'agit du nombre. Il est possible que l'idée soit semblable, ce qui pourrait accréditer l'hypothèse du renouvellement.

Quelque deux mille ans avant notre ère, les neuf joyaux ou pierres précieuses (la perle, le rubis, la topaze, le diamant, l'émeraude, le lapis-lazuli, le corail, le saphir) désignaient neuf poètes célèbres d'expression sanskrite — le dernier n'eut toutefois pas droit à cet honneur.

Georges Jouven (voir bibliographie), architecte en chef des monuments historiques, nous apprend que les Égyptiens et les pythagoriciens représentaient le monde divin et humain par un tableau carré composé des neuf premiers nombres. Les hermétistes, eux, font remarquer que le nombre neuf, étant impair, est mâle et actif. Signalons ici une propriété curieuse que d'aucuns dénomment une régénérescence : $1 + 2 + 3 + 4 + 5 + 6 + 7 + 8 + 9 = 45$ et $4 + 5 = 9$!

À partir du IVe siècle, on parle de neuf chœurs d'anges, mais saint Paul n'en cite que cinq : Vertus, Puissances, Principautés, Dominations, Trônes.

Mentionnons également que les chrétiens qui sollicitent une grâce spirituelle ou temporelle font parfois une neuvaine, c'est-à-dire un ensemble de prières durant neuf jours. Cette pratique rappelle une coutume liée au culte mazdéen des anciens Iraniens. Le mazdéisme a pour synonyme le zoroastrisme, en référence à Zoroastre. Magda est l'Ohrmazd des anciens Perses; il est le principe du bien et créateur de la lumière, par opposition à Ahriman, principe du mal et des ténèbres. Par ailleurs, l'étymologie de «Dieu» se rattache à un mot très ancien dont la racine signifie lumière.

Le nombre dix

Le lecteur se souviendra que les adeptes d'un certain ésotérisme tiennent les nombres pairs pour femelles et les nombres impairs pour mâles parce que l'on ne peut les diviser qu'en atteignant leur intégrité. C'est peut-être une idée métaphysique ou poétique, mais elle n'est pas absurde. Un et trois sont mâles tandis que deux et quatre sont femelles.

Rappelons également que le nombre dix est la somme des deux premiers couples (1 + 2 et 3 + 4) ou la somme des quatre premiers nombres, que les Anciens dénommaient «tetraktys» et que les disciples de Pythagore idolâtraient. Ces derniers faisaient serment de ne pas révéler les secrets mathématiques qui leur seraient divulgués devant une espèce de triangle constitué de dix points. On raconte même qu'un Grec fit de la prison pour avoir parlé des relations métriques dans le triangle rectangle! Une mise en garde de même nature existe à notre époque. En effet, certains savants atomistes ne doivent en aucun cas communiquer le fruit de leurs travaux à des spécialistes d'un pays étranger. Il n'y a donc rien de nouveau sous le soleil! Pour les pythagoriciens, donc, le «tetraktys» est une divinité symbolisant l'harmonie. On voudra bien remarquer [Fig. 15] que la base du triangle est constituée de quatre points — dont on sait qu'ils représentent la terre, c'est-à-dire tout ce qui est tangible et solide — et qu'il y a quatre étages dans ce triangle.

Fig. 15
Triangle symbolisant Tetraktys, dieu de l'harmonie pour les pythagoriciens

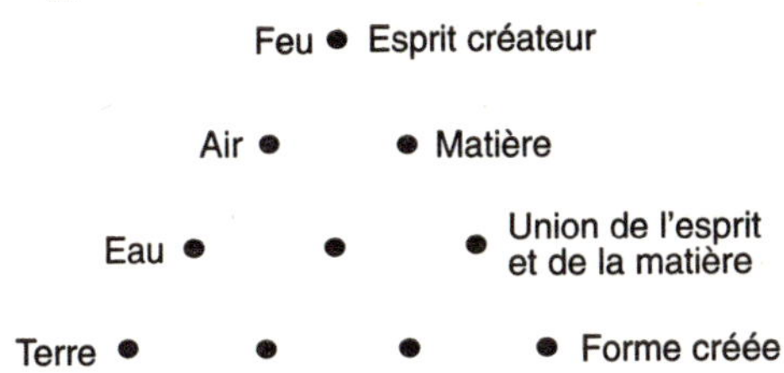

Le dix évoque aussi la totalité, la plénitude. Ce n'est pas un hasard si les dix plaies dont Dieu frappa l'Égypte précédèrent l'institution des Tables de la Loi, plus connues sous le nom de décalogue, que Moïse reçut de Dieu sur le Sinaï.

Dans la numération kabbalistique, il existe des sephiroth, c'est-à-dire des rayons ou attributs de Dieu. Elles sont au nombre de dix : La couronne : Kether / La sagesse : Hœma / L'intelligence : Bina / La grâce : Hesed / La force : Gehrah / La beauté : Tiphereth / La victoire : Netza / La gloire : Hod / Le fondement : Yesod / Le royaume : Malchout.

On voit que la numération à base dix est très ancienne et très répandue. Dix est le premier nombre représenté par deux chiffres après la série des neuf symboles. Ce dix est la forme abrégée de l'expression une dizaine, zéro unité. Dans les Écritures chrétiennes, c'est la base 10 qui a été retenue. Les découvertes de saint Augustin sur les nombres mystérieux qui figurent dans l'Évangile sont parfaitement pertinentes et il est déraisonnable de prétendre, comme d'aucuns n'ont pas manqué de le faire, que de telles trouvailles seraient sans objet si les nombres étaient écrits au moyen d'une autre base.

Le système décimal est d'ailleurs très ancien. Les Égyptiens et les Chaldéens (les Irakiens de notre époque) s'en servaient. Certains historiens supposent, en raison d'expressions telles que «quinze-vingt», que l'ancienne langue des Gaulois possédait un système à base 20. Il est possible que ce système ainsi que le décimal aient été inspirés par le nombre de nos doigts. Cette explication fort simple est peut-être la plus exacte de toutes puisque les êtres humains, en dépit de leurs différences, ont tous le même nombre de doigts aussi bien aux mains qu'aux pieds.

Dans la mystique juive, le Dénaire est très présent. Le docteur Allendy rappelle que les Hébreux ont dix ordres de bienheureux qui distribuent aux humains l'intelligence et la connaissance des choses divines. D'après la kabbale, il y a aussi dix esprits du mal. L'Ancien Testament parle des dix plaies d'Égypte et le Nouveau (Luc, XVII, 12) de dix lépreux qui ont été guéris, mais dont un seul témoigne sa reconnaissance.

Les ésotéristes représentent sous la forme suivante [Fig. 16] la progression des nombres triangulaires dont fait partie le dix.

Fig. 16
Représentation ésotérique de la progression des nombres triangulaires

Le Ternaire (trois) est la cause créatrice. Le Sénaire (six) montre le Créateur en face de son œuvre — le monde a été créé en six jours (Genèse I, 31). Enfin le Dénaire (dix) exprime le tout harmonisé et unifié — trois plus sept, c'est la Trinité se reposant après la Création selon saint Augustin. Voici comment le Dénaire peut être représenté symboliquement [Fig. 17].

Fig. 17
Triangle symbolisant le Dénaire

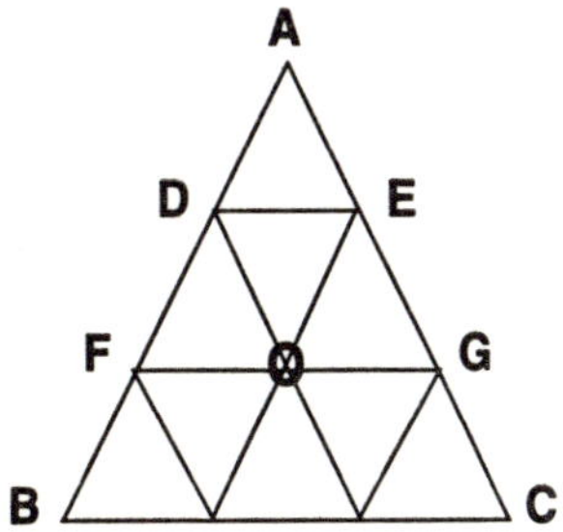

Le triangle ABC de trois côtés égaux contient neuf triangles semblables. L'ensemble est composé de dix triangles dont sept ont leur sommet tourné vers le haut (ABC - ADE - FOD - EOG - FBH - HOI - GIC) et trois dont le sommet est tourné vers le bas (DOE - FHO - OGI).

Le nombre onze

«Aussitôt, comme il parlait encore, survient Judas, un des douze apôtres de Jésus.» (Marc, XIV, 43) Cette trahison réduisait donc le nombre à onze. Jésus en nomma un autre tout de suite (Mathias) afin qu'il en restât douze. N'est-ce pas un indice du maléfice jeté sur le nombre onze? Il est un autre passage dans la fameuse parabole selon saint Matthieu : «Vers la onzième heure, il sort une dernière fois et en voit d'autres qui attendent. (...) Ceux qui avaient pris le travail à la onzième heure s'avancent et reçoivent chacun un denier...» Cet épisode relaté dans l'Évangile est destiné à faire comprendre que tout homme doit accepter les injustices apparentes et ne pas se laisser gagner par l'envie, sans parler du fait que nul n'a de droit à faire valoir devant Dieu.

Pour les ésotéristes, le nombre dix est un aboutissement, une plénitude. Le onze est le signe du débordement ou d'une sortie de la norme. *Le dictionnaire des symboles* (voir bibliographie) cite saint Augustin pour qui le nombre onze est l'armoirie du péché.

Le nombre douze

Nous voici en présence d'un seigneur. Plusieurs civilisations l'ont honoré. Sans doute est-ce d'abord parce qu'il est un nombre abondant (le premier d'ailleurs), terme qui signifie que la somme de ses diviseurs lui est supérieure ($1 + 2 + 3 + 4 + 6 = 16 > 12$, mais $1 + 2 + 5 = 8 < 10$).

Cette particularité arithmétique était connue des Anciens. Les rédacteurs mystiques des Écritures chrétiennes ne l'ignoraient pas, bien que leur attachement pour le nombre douze devait certainement être associé à d'autres motifs. C'est dans l'Apocalypse que l'on trouve le plus de chiffres. Il n'est pas étonnant que douze y figure en bonne place. Il y a 12 000 élus par tribu, et leur nombre total est un carré de 12 multiplié par 1000, soit 144 000. (Apocalypse, XIV, 4) Nous savons que Jésus tenait à ce que les apôtres soient douze et non pas onze. Il y a douze articles dans la prière fondamentale qu'est le Credo. Le produit de quatre, qui évoque la terre, par le nombre trois du temps sacré donne douze.

L'Ancien Testament n'est pas moins éloquent à ce chapitre. Jacob eut douze fils. L'arbre de vie portait douze fruits. Ce nombre a eu une telle importance qu'il a failli supplanter la base décimale.

Jusqu'à une époque récente, la Grande-Bretagne se servait du système duodécimal et parlait de pouces, de yards, de shillings. L'ancienne France comptait aussi en pieds, en boisseaux, en toises, etc. On sait aussi que le système sexagésimal dont on se sert pour la mesure du temps est en quelque sorte un dérivé de la base 12. Le cercle est divisé en 360° et l'aiguille trotteuse des montres avance 12 fois plus vite que celle des minutes.

Par ailleurs, tout le monde connaît les douze constellations qui forment le zodiaque, ainsi nommé parce que certains animaux y sont représentés. Le zodiaque indique la région du ciel où se passent les mouvements apparents du Soleil, de la Lune et des grandes planètes. Il est divisé en douze parties égales de trente degrés chacune appelées signes. Il y a six signes descendants parce que la déclinaison du Soleil y diminue et six autres qui sont ascendants.

Après cette brève incursion dans le domaine de l'astronomie ou de l'astrologie, nous allons maintenant vous donner une indication sur des recherches récentes qui ne peuvent qu'intriguer tout esprit curieux et enclin à la réflexion. Depuis longtemps, les physiciens subodoraient qu'il y avait des particules encore plus petites que les particules connues. En d'autres termes, ils se demandaient si le quark, considéré comme la «brique» de base de la matière, n'était pas lui-même composé de «briques» plus petites encore. Rappelons que l'on sait depuis 1911 que l'atome possède un noyau autour duquel tournent des électrons et qu'en 1930 un grand pas est franchi. En effet, le noyau commence à livrer son mystère, ou plutôt une partie de son mystère : il est un amas de particules nommées protons et neutrons. À partir de 1940, les physiciens vont découvrir que les protons sont composés de quarks — il y en aurait six types. Ce qui est extraordinaire ou à tout le moins étrange et mystérieux, c'est que la plus petite des particules de la matière (quark top) est la dernière «lettre» de l'alphabet de 12 signes qui composent la matière de l'univers. Celle-ci est constituée d'atomes composés de six particules chacun. Reconnaissons que cette découverte donne matière à réflexion.

Le nombre treize

La réputation maléfique du nombre treize a la vie dure. Même les esprits rationnels éprouvent une certaine crainte à partir en voyage un treizième jour ou à être le treizième convive. Presque tout le monde pense que l'origine de cette croyance peut remonter à l'épisode de la fameuse Cène au cours de laquelle Jésus se trouve en compagnie de ses douze apôtres dont l'un, Judas, le trahit. Mais il semble que cette croyance soit plus ancienne encore puisque à Rome les habitants plantaient un clou dit magique et expiatoire dans un mur du temple de Jupiter le treizième jour du mois de septembre.

Cette superstition a irrité bien des esprits, dont le marquis de Vauvenargues (1715-1747) qui déclare dans l'une de ses maximes : «Quand je vois qu'un homme d'esprit, dans le plus éclairé de tous les siècles, n'ose se mettre à table si l'on est treize, il n'y a plus d'erreur ni ancienne ni moderne qui m'étonne.» Cette réflexion prouve que ce moraliste connaissait mal tous les aspects de la nature humaine. Il est vrai qu'il croyait à la bonté de l'homme et à la vertu...

Il existe dans la mythologie germanique une légende qui rappelle l'épisode de la Cène. Douze convives sont invités à un banquet au Walhalla, séjour des héros tués au combat, où règne Odin, dieu de la guerre. Au cours du banquet, les Walkyries (divinités féminines) versent à ces morts de la bière et de l'hydromel — ce que nous ne comprenons pas très bien! Mais il y a encore à notre époque quelques originaux très attirés par ce genre de légendes.

Dans l'Apocalypse, le chapitre XII est dédié à «la Femme, revêtue du soleil, ayant la lune sous les pieds et une couronne de douze étoiles», alors que le chapitre XIII est consacré à la Bête et à l'Antéchrist.

Dans *Le livre des superstitions* (voir bibliographie), on signale qu'aux États-Unis — où l'on est pourtant très fiers des sciences et des techniques — le quatorzième étage suit souvent le douzième et qu'il est vain de chercher un immeuble affichant le treize pour adresse.

Mais le plus curieux, c'est que pour bien d'autres personnes le treize est associé à la chance. Certaines d'entre elles portent une sorte de médaille où figure ce nombre. Il existe même une association américaine dont la mission est de conjurer le mauvais sort attribué au treize. Les États-Unis étant un pays où l'on trouve tout et son contraire, nous ne pouvons savoir si les adversaires du treize ne sont pas des dévots d'autres croyances. L'être humain n'en est pas à une contradiction près.

Il y a tout de même une étrangeté à relever au sujet de l'étymologie du mot treize, mot qui vient du latin, lui-même issu du sanskrit, et qui est un dérivé du mot *tres*, qui signifie trois. Treize a pour origine *tredecim,* c'est-à-dire trois et dix. Il porte donc en lui la spiritualité du trois et l'idée de plénitude et d'accomplissement du dix. Ainsi treize contient quelque chose de bénéfique. N'oublions pas que «trèfle» vient de trois de même que «trident».

La mystique juive ne fait pas exception à la règle. Un certain Oscar Fischer publia autrefois un ouvrage intitulé *Les origines du judaïsme à la lumière de la symbolique des nombres de l'Ancien Testament* dans lequel il démontre la présence du nombre treize à partir des valeurs de convention attribuées aux lettres hébraïques. Pour comprendre cet exposé, il importe de montrer d'abord les correspondances entre les vingt-deux lettres de l'alphabet et leurs nombres respectifs :
Aleph = 1 Beth = 2 Gimel = 3 Daleth = 4 He = 5 Waw = 6 Zajin = 7 Cheth = 8 Teth = 9 Iod = 10 Kaph = 20 Lamed = 30 Mem = 40 Nun = 50 Samekh = 60 Ajin = 70 Pe = 80 Zade = 90 Qoph = 100 Resch = 200 Schin = 300 Taw = 400 Caph final = 500 Mem final = 600 Noun final = 700 Phe final = 800 Tsade final = 900.

Voici maintenant ce qu'Oscar Fischer désigne sous le nom de facteur Jehovah :

JEHOVAH : Iod (10) He (5) Waw (6) He (5)
Somme 26, soit 2 x 13

ABRAHAM : Aleph (1) Beth (2) He (5) Mem (40) Waw (6) Nun (50)
Somme 104, soit 8 x 13

SINAÏ : Samekh (60) Iod (10) Nun (50) Iod (10)
Somme 130, soit 10 x 13

JOSEPH : Iod (10) Waw (6) Samekh (60) Pe (80)
Somme 156, soit 12 x 13

JACOB : Iod (10) Ajin (70) Qoph (100) Beth (2)
Somme 182, soit 14 x 13

ISAAC : Iod (10) Zade (90) Cheth (8) Qoph (100)
Somme 208, soit 16 x 13

MOÏSE : Mem (40) Waw (6) Schin (300) He (5)
Somme 351, soit 27 x 13

ISRAËL : Iod (10) Schin (300) Resch (200) He (5) Aleph (1) Lamed (30)
Somme 546, soit 42 x 13

THORA : Taw (400) Waw (6) Resch (200) He (5)
Somme 611, soit 47 x 13

Cette découverte est ingénieuse. Fischer cherche sûrement à prouver que les lettres dont le sens est contenu dans les noms essentiels de la théologie judaïque ont une valeur arithmétique dont la somme est un multiple de treize.

Les lettres de l'alphabet grec ont elles aussi des correspondances numériques. Il n'est pas sans intérêt de les rappeler ici :

Alpha = 1 Bêta = 2 Gamma = 3 Delta = 4 Epsilon = 5 Digamma = 6 Dzeta = 7 Êta = 8 Thêta = 9 Iota = 10 Kappa = 20 Lambda = 30 Mu = 40 Nu = 50 Xi = 60 Omicron = 70 Pi = 80 Koppa = 90 Rô = 100 Sigma = 200 Tau = 300 Upsilon = 400 Phi = 500 Khi = 600 Psi = 700 Oméga = 800 Sampi = 900.

Examinons maintenant une autre explication ou plutôt une autre hypothèse concernant la malédiction qui afflige le nombre treize. Nous la devons à Plutarque, historien et moraliste grec (46 ap. J.-C.), et surtout à Lucien Gérardin (voir bibliographie), ingénieur électronicien. Regardez bien le triangle qui suit.

			1			
		2		3		
	4				9	
8						27

On remarque sur le côté gauche une suite géométrique de raison 2 et sur le côté droit une de raison 3. On remarque aussi que la somme de la dernière ligne donne 35, somme dite harmonieuse parce qu'elle marie le premier cube pair et le premier cube impair (8 + 27). On constate également que la somme de la troisième ligne, qui donne 13, représente l'insuffisance parce qu'il lui manque une unité pour être égale à la moitié de la perfection représentée par 28 (4 x 7). Mais la somme des deux chiffres de la dernière ligne, soit 35, est la somme des quatre termes de la proportion pythagoricienne : 6, 8, 9, 12. Si par ailleurs on effectue les produits par ligne, on trouve 6, 36, 216, qui sont les nombres utilisés par Platon pour gouverner sa République idéale! (Lucien Gérardin).

Nous retiendrons donc qu'il y a dans le treize un aspect défavorable, comme l'indiquent les treize esprits du mal de la kabbale, mais aussi un aspect favorable puisque ce nombre symbolise un principe d'activité. Trois s'exerce dans l'unité d'un tout (dix) qui le contient — selon les propos du docteur Allendy.

Le nombre quatorze

Le mot quatorze vient du latin *quattordecim.* Il est la somme de quatre et de dix — affirmation assez élémentaire, direz-vous, mais comme nous savons que les mots ont une histoire et une signification profonde venues du fond des âges, il faut accepter de s'y astreindre.

Ceci dit, passons à un énoncé de René Allendy qui, cette fois, émet l'idée que quatorze «est le rapport de la loi cyclique 4 à l'unité cosmique 10 ayant pour résultat l'entretien de la vie (1 + 4 = 5) et servant de nœud au double courant d'évolution et d'involution (14 = 7 x 2).»

Parmi les curiosités afférentes au quatorze, mentionnons celle-ci : dans le chapitre premier de l'Évangile selon saint Matthieu, qui évoque la généalogie davidique de Jésus, nous pouvons lire que depuis Abraham il y eut quatorze générations, depuis David jusqu'à l'exil de Babylone quatorze générations et depuis l'exil de Babylone jusqu'au Christ quatorze générations!

Puis cette autre : il existe en Inde quatorze personnages légendaires du nom de Manon, qui règnent chacun pendant un cycle secondaire dont l'ensemble (les quatorze cycles secondaires) forme un «kalpa» au terme duquel le monde est renouvelé. Actuellement, sept cycles sont complétés. Les lois de Manon sont des règles religieuses, morales et sociales précisément attribuables au septième Manon.

Le nombre quinze

Il n'est pas nombre premier comme le treize et semble chargé d'un sens favorable pour plusieurs civilisations. La tradition catholique — donc non tirée directement des Écritures — relie le nombre quinze aux deux Testaments en raison du sept qui évoque le sabbat et du huit qui représente la Résurrection. Ce n'est pas un hasard si la pratique du rosaire rappelle quinze mystères de la Sainte Vierge, dont cinq joyeux, cinq douloureux et cinq glorieux.

Par ailleurs, si vous vous reportez à ce que nous venons d'indiquer quant aux correspondances numériques et littérales des mots hébraïques désignant la divinité (nombre 13), vous voyez que la somme des deux premiers éléments de Jehovah, soit Iod (10) et He (5), donne 15.

Regardez ce carré magique de 3, base 15, dit de Salomon, extrêmement ingénieux. Il laisse rêveur tant il a dû être difficile à établir. N'oubliez pas de faire la somme des chiffres des deux diagonales du carré après avoir fait celle des colonnes verticales et horizontales.

6	7	2
1	5	9
8	3	4

Examinez maintenant celui-ci que l'on nomme le carré de Saturne, vous verrez qu'il répond à la même perfection.

4	9	2
3	5	7
8	1	6

Les kabbalistes attribuaient un pouvoir magique à ce carré. Le quinze représente les deux premières lettres du nom de Yahweh et le cinq du centre symbolise le Verbe, alors que les nombres pairs de chaque angle font référence aux quatre éléments. Notez en outre que les chiffres du carré de Salomon à gauche en partant du bas et ceux du carré de Saturne en bas en allant vers la droite sont les mêmes (8, 1, 6) et que ceux de la diagonale à droite en bas sont les mêmes pour les deux carrés, mais inversés (4, 5, 6 et 6, 5, 4).

Le nombre seize

La Bible compte quatre grands prophètes : Isaïe, Jérémie, Ézéchiel et Daniel. Mais il y en eut douze autres de moindre importance : Osée, Joël, Amos, Abdias, Michée, Jonas, Nahum, Habacuc, Sophonie, Aggée, Zacharie, Malachie — ce dernier ne doit d'ailleurs pas être confondu avec saint Malachie (1094-1148) qui fut un évêque irlandais, ami de saint Bernard, célèbre pour ses prédictions sur les papes. Il y a donc seize prophètes. N'est-il pas curieux d'obtenir seize également si l'on additionne le nombre des évangélistes et celui des apôtres? Voilà qui est sûrement trop pour les esprits forts qui attribuent tout aux coïncidences!

Le nombre dix-sept

Ce nombre premier est présent de façon tacite dans les apparitions de Lourdes de 1958. La dix-septième apparition eut lieu le jour même de la lecture du passage de l'Évangile (selon saint Jean) relatant la pêche des cent cinquante-trois poissons, nombre qui correspond à la somme des dix-sept premiers nombres (1 + 2 + 3 + 4 + 5 + 6 + 7 + 8 + 9 + 10 + 11 + 12 + 13 + 14 + 15 + 16 + 17 = 153).

À Pontmain, petit bourg de Bretagne composé de dix-sept hameaux, il y eut une apparition de la Sainte Vierge le 17 janvier 1871, au moment où les Prussiens assiégeaient Paris, et où la France était au bord du désespoir. L'intervention divine contenait dix-sept phrases. Rappelons en passant que l'armistice eut lieu quelques jours après. Nous reparlerons de dix-sept lorsque nous examinerons le fameux nombre cent cinquante-trois.

Il n'est pas étonnant que les superstitieux Romains aient vu dans le nombre dix-sept écrit dans leur sténographie, XVII, l'inverse de l'expression latine VIXI : j'ai vécu!

Le nombre vingt et un

Ce nombre est le produit de trois par sept, et si l'on inverse l'ordre des chiffres, nous obtenons le douze. La tentation est grande d'attribuer un sens maléfique au nombre vingt et un, mais le Livre de la Sagesse de Salomon (Ancien Testament) parle des vingt et un attributs de la sagesse humaine.

Vingt et un symbolise la personne centrée sur l'objet et non plus sur elle-même. Dans *Le dictionnaire des symboles* (voir bibliographie), Jean Chevalier et Alain Gheerbrant s'expriment ainsi : «C'est l'individu autonome entre l'esprit pur et la matière négative; c'est aussi sa libre activité entre le bien et le mal qui partagent l'univers. C'est donc le nombre de la responsabilité, et chez l'homme la vingt et unième année a été choisie par beaucoup de peuples comme l'âge de la majorité.»

Signalons en outre que le dernier chapitre de l'Évangile selon saint Jean, dans lequel est relatée la fameuse pêche des cent cinquante-trois poissons, correspond au numéro vingt et un.

Le nombre vingt-deux

Si vingt-deux est divisé par le fameux nombre spirituel sept, le quotient n'est autre que le rapport de la circonférence au diamètre, c'est-à-dire sa majesté Pi ou 3,1416. Pour peu que l'on ait quelque sens métaphysique, la présence du nombre vingt-deux dans ce rapport ne peut que donner à penser. Mais voici le plus extraordinaire : les diviseurs entiers de trois cent soixante, c'est-à-dire la mesure du cercle, sont au nombre de vingt-deux (2, 3, 4, 5, 6, 8, 9, 10, 12, 15, 18, 20, 24, 30, 36, 40, 45, 60, 72, 90, 120, 180). Comment parler de coïncidence! On peut d'ailleurs construire sur un cercle vingt-deux polygones réguliers, dont le triangle, le carré, le pentagone, l'hexagone, l'octogone, etc.

Autres constatations. On attribue aux Phéniciens — peuple sémitique aujourd'hui disparu — la propagation de l'usage d'un alphabet de vingt-deux consonnes préfigurant celui qui fut adopté par les Grecs et les Romains. Les historiens spécialistes estiment cependant que cet alphabet phénicien provenait des Égyptiens. Les Hébreux faisaient également usage d'un alphabet composé de vingt-deux lettres. Selon la kabbale, les vingt-deux lettres expriment l'univers.

Notons que l'Avesta, recueil des textes sacrés de la religion mazdéenne (Iran antique), est composé de livres divisés en vingt-deux chapitres dans lesquels on trouve vingt-deux prières. L'Apocalypse — texte fondamental dans la théologie chrétienne et dans lequel ont largement puisé les créateurs du tarot divinatoire — compte aussi vingt-deux chapitres.

Le vingt-deux est la somme de dix et de douze. La première composante peut correspondre à la Loi mosaïque et ses dix commandements qui ont précédé la venue du Christ, la deuxième à l'accomplissement de la Loi et à l'ensemble de l'Église en tant que Corps spirituel.

Enfin, comment expliquer rationnellement que les dernières paroles du Christ sur la croix, «Mon Dieu, mon Dieu, pourquoi m'as-tu abandonné?», soient tirées du psaume 22?

Le nombre vingt-cinq

Ce nombre a le même symbolisme que cinq parce qu'il en est le carré. Saint Augustin nous dit que vingt-cinq représente la Loi.

Le nombre trente

Il est beaucoup plus parfait que vingt-cinq parce qu'il est composé de cinq multiplié par six. Or, dit encore saint Augustin, la perfection est exprimée par le nombre six. Dieu a achevé le monde en six jours et cinq est multiplié par six pour que la Loi soit accomplie par l'Évangile, de sorte que cinq multiplié par six égale trente.

Le nombre trente-six

Les pythagoriciens désignaient ce nombre sous le nom de «Grand Quaternaire» parce qu'il est la somme des quatre premiers nombres pairs et des quatre premiers nombres impairs ($2 + 4 + 6 + 8 + 1 + 3 + 5 + 7 = 36$), ou si l'on préfère la somme des huit premiers nombres. On peut remarquer en outre qu'il est le dixième de trois cent soixante, qui représente le cercle ainsi que l'année lunaire.

Trente-six est le produit de neuf par quatre, c'est-à-dire qu'il évoque le carré, donc la stabilité. Ajoutons que si l'on additionne les cubes des trois premiers nombres, on obtient trente-six ($1^3 + 2^3 + 3^3 = 1 + 8 + 27 = 36$).

Pour les hermétistes, trente-six est le nombre du Ciel, soixante-douze le nombre de la Terre et cent huit celui de l'homme. Remarquons le lien ou le rapport qui existe entre ces trois nombres : ils sont comme la suite des trois premiers nombres (1, 2, 3 et 36, 72, 108).

Autre curiosité. Comment se fait-il que trente-six soit resté dans le langage populaire pour désigner le nombre de chandelles censées être vues par la victime d'un choc?

Le nombre quarante

Voici un nombre qui mérite un examen minutieux, car il est présent dans les Écritures chrétiennes, les textes hébraïques, musulmans et bouddhistes.

Dans le premier chapitre de l'Ancien Testament, Dieu s'exprime ainsi : «Car encore sept jours et moi je ferai pleuvoir sur la terre quarante jours et quarante nuits...» (Genèse, VII,1-6) Dans l'Exode, livre composé de quarante chapitres, nous pouvons lire : «Les enfants d'Israël mangèrent la manne pendant quarante ans, jusqu'à l'arrivée dans un pays habité...» (XVI, 35); on dit aussi que Moïse demeura sur la montagne quarante jours et quarante nuits (XXIV,18).

Dans les Livres des prophètes, on mentionne que David était âgé de trente ans lorsqu'il devint roi et qu'il régna pendant quarante ans. À Hébron, il régna sur Juda sept ans et six mois, et à Jérusalem trente-trois ans — l'âge du Christ — sur tout Israël et Juda. (II Samuel, V, 4) Salomon régna également quarante ans à Jérusalem, sur tout Israël (I Rois, III, 42).

Le Nouveau Testament n'est pas moins riche en citations où apparaît le nombre quarante. La loi de Moïse prévoyait la purification de Marie quarante jours après la naissance de Jésus. Lorsque Jésus fut mené au désert par l'Esprit pour être tenté par le démon, il finit par avoir faim après avoir jeûné pendant quarante jours et quarante nuits. (Les médecins savent que cela est possible. Les grévistes de la faim aussi!) Une fois ressuscité, le Christ apparaît pendant 40 jours à ses apôtres.

Pour saint Augustin, quarante exprime la perfection «parce que la Loi a été donnée en dix commandements, puis c'est à travers le monde entier que la Loi a été prêchée, et le monde entier se compose de quatre parties, orient et occident, midi et aquilon; donc, en multipliant dix par quatre, on arrive à quarante. Ou bien, c'est par les quatre livres de l'Évangile que la Loi est accomplie.»

Remarquez au passage la différence avec le nombre 38, qui correspond à l'âge du paralytique de Bezatha. Ce nombre est plutôt fait pour exprimer la maladie plutôt que la santé. Quant au mot carême, il vient du latin *quadragesima dies,* c'est-à-dire quarantième jour avant Pâques. C'est le temps de pénitence qui prépare à la fête de la Résurrection. L'inscription «tours de beurre» que l'on rencontre dans certaines cathédrales rappelle qu'elles furent élevées à l'aide des offrandes versées par les fidèles pour obtenir l'autorisation de manger du beurre pendant le carême.

Le nombre quarante-six

Nous avons déjà parlé des correspondances numériques avec l'alphabet grec. Voici les exemples qui nous intéressent ici : Alpha = 1, Delta = 4, Mu = 40. Si l'on additionne la valeur numérique du nom ADAM, c'est-à-dire l'homme, on obtient quarante-six (1 + 4 + 1 + 40 = 46). Or, si on se réfère à l'Évangile, on peut lire ceci : «On a mis quarante-six ans pour bâtir ce Temple et toi, en trois jours, tu le relèveras? Mais Lui [c'est-à-dire Jésus] parlait du Temple de son corps.» (Saint Jean, II, 20).

Il y a également autre chose qui nous apparaît extraordinaire et qui ne figure dans aucun ouvrage traitant des nombres. Tout le monde a entendu parler des chromosomes, molécules d'acide désoxyribonucléique présentes à l'intérieur de la cellule vivante. Leur nombre est constant pour une espèce donnée et différent de l'une à l'autre. Le chimpanzé en possède quarante-huit et l'homme quarante-six!

Le nombre cinquante

C'est un nombre que les Grecs vénéraient. La mythologie attribue cinquante fils à Héraclès (que les Latins appelaient Hercule), ce qui n'est pas impossible quand on est aussi costaud! Quant au roi Danaos, il eut cinquante filles, les Danaïdes, lesquelles furent condamnées à remplir éternellement un tonneau sans fond pour avoir tué les cinquante fils de leur oncle Egyptos. Priam, le dernier roi de Troie, eut aussi cinquante fils.

Pour les Hébreux, le cinquantième jour après la sortie d'Égypte correspond à la fête célébrant la journée où Dieu remit à Moïse le décalogue. Chaque cinquantième année était aussi celle du jubilé, période à laquelle les fidèles devaient faire remise de leurs créances conformément à la loi de Moïse. Cette coutume fut toutefois abandonnée au VIe siècle.

Pour les catholiques, le jubilé est une indulgence accordée par le pape aux pèlerins qui viennent à Rome à certaines dates. En langage populaire, le jubilé correspond à une fête donnée en l'honneur d'une personne qui occupe une fonction ou qui exerce une profession depuis cinquante ans — phénomène d'ailleurs de plus en plus rare!

Le nombre soixante-douze

Dans le Nouveau Testament, il est fait mention de ce nombre, qui, doit-on le rappeler, correspond au produit de six par douze : «Après cela, le Seigneur en désigna encore soixante-douze autres...» «(...) les soixante-douze revinrent tout joyeux.» (Saint Luc, X, 1 et 17).

Regardons maintenant du côté de l'astronomie. Il existe dans ce domaine ce que l'on appelle la précession des équinoxes. C'est une faible variation annuelle dans la position de la ligne d'intersection du plan de l'écliptique et du plan de l'équateur. L'écliptique, c'est le grand cercle que semble former le Soleil sur la sphère céleste. Le plan de l'écliptique forme avec le plan de l'équateur un angle de 23° 27'. C'est l'intersection de ces deux plans qui détermine l'équinoxe.

La sphère céleste paraît tourner d'ouest en est autour de l'axe de l'écliptique et l'axe de l'équateur terrestre exécute un mouvement autour de l'axe de l'écliptique dans la direction opposée. Les équinoxes reviennent avant que le Soleil n'ait fait le tour de la sphère céleste. Ce mouvement de rétrogradation est très lent et il a été démontré que la précession annuelle est de 50°, ce qui correspond à un tour complet de l'écliptique dans une période sensiblement égale à 360 x 72, soit 25 920 ans. Les calculs scientifiques révèlent que le Soleil revient au même endroit tous les 25 765 ans. Le quotient de ce dividende par le diviseur donne un résultat qui s'approche de 72. La coïncidence est pour le moins intéressante.

Le nombre quatre-vingt-dix-neuf

Voyons d'abord ce verset du Coran (XXXVIII) qui dit : «Celui-ci est mon frère; il avait quatre-vingt-dix-neuf brebis et moi je n'en avais qu'une. Il me dit un jour : "Donne-la-moi à garder." Et il me l'a ravie. David lui répondit : "Il a commis une injustice à ton égard en te demandant une brebis pour l'ajouter aux siennes."» (Autre petite observation : le chapelet de l'islam compte quatre-vingt-dix-neuf grains.) Parlant de brebis, rappelons que dans l'Évangile selon saint Matthieu (XVIII, 12), il est question des quatre-vingt-dix-neuf brebis égarées.

Le mot AMEN — qui, en passant, est hébraïque et non latin — a une correspondance numérique qui donne un total de quatre-vingt-dix-neuf (Aleph = 1 (a), Cheth = 8 (e), Mem = 40 (m), Nun = 50 (n); AMEN = 1 + 40 + 8 + 50 = 99). Notons que dans l'alphabet grec Alpha = 1 (comme Aleph), Mu = 40 (comme Mem), Nu = 50 (comme Nun), mais qu'en revanche la huitième lettre de l'alphabet grec qui correspond au Cheth hébraïque est Êta = 8.

Le nombre cent huit

En élevant six au carré trois fois et en additionnant chacun des résultats, on obtient cent huit ($6^2 + 6^2 + 6^2 = 108$). Rappelons que 666 correspond au chiffre de la Bête de l'Apocalypse.

Dans son livre intitulé *Mitterrand le grand initié,* Nicolas Bonnal fait les remarques suivantes : les portiques du Palais-Royal comptaient 140 colonnes. Buren en a ajouté 260. Le total est maintenant de 400, soit 40 x 10. Les 260 colonnes de l'ensemble édifié sur les instructions de Buren sont réparties en 13 rangées de 20 piliers; en fait, seulement 44, les 216 autres étant des troncs de colonne. Les 44 véritables colonnes composent trois rangées remarquables qui délimitent deux grandes aires. L'aire intérieure s'étend en 12 rangées de 9 pour former un ensemble de colonnes (108). La seconde aire qui s'étend autour de la première en comprend également 108...

Claude Peignot (auteur cité dans la bibliographie) nous enseigne que Gargantua, le fameux personnage de Rabelais, avait appris 216 jeux, ce qui correspond au premier multiple de 108. D'ailleurs, la communauté épicurienne inventée de toutes pièces par Rabelais et désignée sous le nom d'abbaye de Thélème tenait dans ses fondations une énigme de 108 vers.

Le nombre cent quarante-quatre

Ce carré de douze figure ainsi dans l'Apocalypse : «Il mesura la ville avec le roseau : douze mille stades. Sa longueur, sa largeur et sa hauteur sont égales. Il mesura sa muraille : cent quarante-quatre coudées, mesure d'homme qui est aussi mesure d'ange.» (Apocalypse, XXI, 17).

Cent quarante-quatre est le double de soixante-douze, que nous connaissons maintenant. Il y a cent quarante-quatre mille élus dans l'Évangile. Pour le docteur Allendy, ce nombre exprime l'idée d'une combinaison de cycles révolutifs de plusieurs ordres par rapport à l'individu microscopique. Disons plus simplement qu'il est un développement exponentiel. Les auteurs des Écritures ont certainement voulu dire que le nombre des élus peut devenir énorme pour peu que les hommes laissent venir sur eux les grâces répandues.

Le nombre cent cinquante-trois

Dans l'Ancien Testament, on trouve la phrase suivante : «Salomon dénombra alors tous les étrangers qui habitaient dans le pays d'Israël, d'après le recensement que David, son père, en avait fait : il s'en trouva cent cinquante-trois mille six cents.» (II Chroniques, XVIII).

L'auteur Claude Peignot fait remarquer que le mot hébreu BRIT, qui signifie «alliance», vaut 612, soit le multiple de 153 par 4. Souvenons-nous des correspondances numériques et littérales dans l'alphabet hébraïque :

Beth	Resch	Iod	Taw
2	200	10	400

Dans le récit de la pêche miraculeuse, il est écrit : «Jésus leur dit : "Apportez de ces poissons que vous venez de prendre." Simon-Pierre remonta dans la barque et tira à terre le filet qui contenait cent cinquante-trois poissons de belle taille; et malgré ce poids, le filet n'avait pas cédé.» (Saint Jean, XXI, 10-12) Notons que cet épisode de l'Évangile selon saint Jean est relaté dans le dernier chapitre, il prend donc une importance particulière.

Le plus savant exégète allégorique fut sans aucun doute saint Augustin. Voici ce qu'il dit du nombre cent cinquante-trois de l'Évangile : «Si vous ajoutez deux à un, vous obtenez trois. Si vous ajoutez trois et quatre, vous obtenez le "tetraktys". Si finalement vous ajoutez tous les nombres jusqu'à dix-sept, le total obtenu fournit le nombre de poissons.» En d'autres termes, 153 est le résultat de la progression arithmétique 1 + 2 + 3 + 4...+17. Il est évident que le nombre résultant de la progression 1 + 2 + 3...+ n a le même symbolisme que n. Dix-sept est égal à dix plus sept, c'est-à-dire la Loi et l'Esprit saint. Les 153 poissons figurent les élus régénérés. Saint Augustin fait remarquer en outre que 153, c'est 50 x 3 + 3 et que

3 représente la Trinité. Cinquante est le résultat de $7^2 + 1^2$, soit 7 x 7 + 1 x 1, les chiffres les plus spirituels.

Les curiosités arithmétiques liées aux nombres dix-sept et cent cinquante-trois ne s'arrêtent pas là. La somme des quatre nombres premiers successifs donne dix-sept (2 + 3 + 5 +7 = 17), autre nombre premier. Ne croyez pas qu'il en est ainsi de tous les quatre nombres premiers successifs (11 + 13 + 17 + 19 = 60, le total ne donne donc pas un autre nombre premier, pas plus que la somme des quatre suivants 23+ 29 + 31 + 37 = 120). Les mathématiciens estiment que 17 est même le seul nombre premier à posséder cette propriété.

Cent cinquante-trois n'a pas fini de nous étonner. Il est aussi la somme des carrés de deux nombres (12 et 3) dont nous avons montré l'importance et le mystère ($12^2 + 3^2$, soit 144 + 9 = 153).

Un autre personnage ne manqua pas de réfléchir sur ce même nombre. Grégoire le Grand, pape canonisé du VIe siècle, fit remarquer que cent cinquante-trois est le résultat du carré de trois par dix-sept (3^2 x 17, soit 9 x 17 = 153).

Voici une autre curiosité qui en dit long sur les propriétés de ce nombre. Les cent cinquante-trois poissons, figurés par un point, forment un triangle équilatéral dont chaque côté est constitué de dix-sept poissons [Fig. 18].

Fig. 18
Triangle équiliatéral de 153 points
dont les côtés sont constitués de 17 points

Des particularités étranges

La curiosité qu'inspire ce nombre n'est pas épuisée. Si vous élevez au cube chacun des chiffres qui le composent et que vous additionnez le tout, vous retrouvez en quelque sorte le nombre intact ($1^3 + 5^3 + 3^3 = 1 + 125 + 27 = 153$). Les mathématiciens ne connaissent que quatre nombres qui possèdent cette propriété! Faites l'expérience avec d'autres nombres de trois chiffres et vous verrez que vous n'êtes pas près de trouver un exemple équivalent. Retenons que cette dernière constatation à partir de l'élévation de chaque chiffre au cube évoque irrésistiblement une sorte d'éternel retour.

Le nombre six cent soixante-six

Le texte — si mystérieux de l'Apocalypse — parle du chiffre de la Bête, le six cent soixante-six (Apocalypse, XIII, 18). Disons tout de suite que le magistère de l'Église a renoncé depuis longtemps à comprendre la signification de l'Apocalypse, ce qui n'empêche pas de gros malins, souvent peu versés dans l'exégèse, de donner des explications plus ou moins extravagantes. Nous nous en tiendrons donc à ce que disent les meilleurs hermétistes.

Observons tout d'abord que la somme des trente-six premiers nombres donne six cent soixante-six. Trente-six est un nombre que les Sumériens, créateurs d'une civilisation connue depuis à peine cent ans, les Chaldéens et les Égyptiens utilisèrent abondamment. Trente-six est le dixième de trois cent soixante et il est la somme des cubes des trois premiers nombres ($1^3 + 2^3 + 3^3$, soit $1 + 8 + 27 = 36$). Si l'on élève six au cube (6^3), on obtient deux cent seize, nombre qui correspond aussi à la somme des cubes de trois, quatre et cinq ($3^3 + 4^3 + 5^3 = 216 = 36 \times 6$). Nous avons vu que trente-six, appelé «Grand Quaternaire» par les pythagoriciens, résulte d'un double «tetraktys» ($1+3+5+7 + 2+4+6+8 = 36$).

Le très savant Georges Jouven (voir bibliographie) fait remarquer que 666 est égal à $36 \times (36 + 1) / 2$. Le nombre 37 qui apparaît ici à l'occasion de l'étude de six cent soixante-six est d'ailleurs d'un grand intérêt. Il a d'étranges propriétés, outre celle d'être premier.

1 x 37 x 3 = 111	4 x 37 x 3 = 444	7 x 37 x 3 = 777
2 x 37 x 3 = 222	5 x 37 x 3 = 555	8 x 37 x 3 = 888
3 x 37 x 3 = 333	6 x 37 x 3 = 666	9 x 37 x 3 = 999

Le nombre 666 continue à intriguer et certains chercheurs ont voulu mettre un nom derrière ces trois chiffres afin d'identifier l'Antéchrist ou tout autre personnage particulièrement malfaisant pour la religion chrétienne et l'Église. D'aucuns l'ont associé à Néron en faisant un rapprochement entre les valeurs numériques et les lettres hébraïques. À l'époque des guerres de Religion (fin du XVIe siècle), un religieux catholique crut découvrir dans ce nombre le nom de Luther. Mais ces hypothèses sont bien peu convaincantes, car il est somme toute facile de trouver, à toute époque, des ennemis jurés de notre religion, dont d'ailleurs certains ne sont même pas connus du grand public!

2

Les grands seigneurs

PI

Cette seizième lettre de l'alphabet grec est célèbre. Elle correspond au *p* français. C'est l'abréviation du grec *peri-phereia*, adoptée comme notation du nombre qui représente le rapport constant de la circonférence d'un cercle quelconque à son diamètre (π). C'est un nombre incommensurable et irrationnel. Lui aussi donne une bonne idée de l'infini. Archimède indiqua le rapport 22/7 comme valeur approximative; on conviendra qu'il fallait vraiment du génie pour le découvrir.

La valeur de Pi — il a fallu des millénaires pour la découvrir — est déterminée par la méthode des périmètres et des isopérimètres (figures dont les périmètres sont égaux). On obtient ainsi un nombre quelconque de décimales à l'aide du développement en série. Pi / 4 = 1 - 1/3 + 1/5 - 1/7 +... ou d'une série plus rapidement convergente qui en dérive.

Faisons maintenant un peu d'histoire. Dans l'un de ses voyages, Marcel Boll nous rappelle que la mesure d'une circonférence peut être approchée intuitivement par l'image d'un fil couché. Nous pouvons imaginer que nous l'avons coupé et redressé sans l'étirer. Le bout de fil rectiligne sera la mesure cherchée. Malheureusement, l'expression «sans l'étirer» est très vague. C'est pourquoi les esprits rationnels ont créé une autre définition. On part du triangle équilatéral (trois côtés égaux) inscrit (dont les sommets sont sur la circonférence ou sur son propre périmètre). On passe ensuite à l'hexagone, puis au polygone à douze côtés et ainsi de suite en doublant indéfiniment le nombre de côtés. Les résultats sont de plus en plus proches de la vérité. C'est ainsi que l'on obtient le nombre Pi. Notons que les Égyptiens connaissaient le rapport entre circonférence et diamètre avant Archimède. Ils lui attribuaient la valeur de $\sqrt{10}$ soit 3,1622, ce qui est déjà une très belle performance. Voici donc la figure géométrique à partir de laquelle sont construits des polygones aux côtés de plus en plus nombreux [Fig. 19] ainsi que le tableau des approximations successives obtenues par la méthode d'Archimède [Fig. 20].

Fig. 19
Triangle équilatéral inscrit, figure de base servant à déterminer la valeur de Pi par la construction de polygones

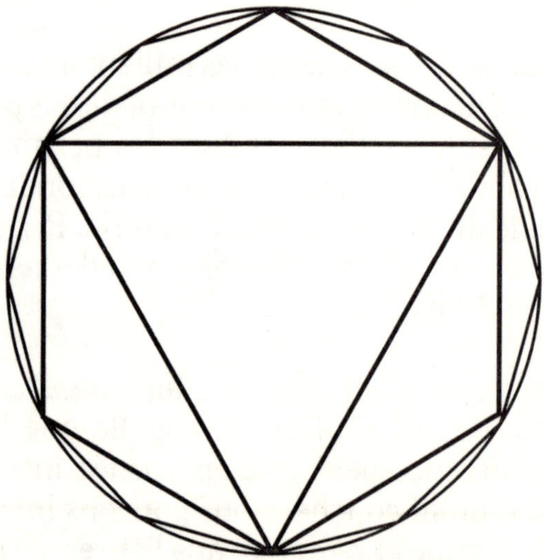

Fig. 20
Tableau des approximations successives obtenues par la méthode d'Archimède pour déterminer la valeur de Pi

CERCLE D'UN MÈTRE DE DIAMÈTRE			
Nombre des côtés	Périmètre des polygones inscrits	Périmètre des polygones circonscrits	Moyenne arithmétique
3	2,5980762	5,1961524	3,8971143
6	3,0000000	3,4641016	3,2320508
12	3,1058265	3,2151900	3,1606082
24	3,1326325	3,1596673	3,1461499
48	3,1393546	3,1460919	3,1427232
96	3,1410369	3,1427201	3,1418785
192	3,1414569	3,1418776	3,1416672
384	3,1415569	3,1416675	3,1416150
768	3,1415883	3,1416153	3,1416018
1536	3,1415918	3,1415946	3,1415932
En continuant indéfiniment	**3,1415927**	**3,1415927**	**3,1415927**

Ajoutons à ce bref exposé sur Pi que la somme des racines respectives de 2 et de 3 donne un résultat très proche de 3,1416 :

$$\begin{array}{r} \sqrt{2} = 1{,}4142135 \\ \underline{\sqrt{3} = 1{,}7320508} \\ 3{,}1462643 \end{array}$$

Peut-être s'agit-il d'un hasard; mais l'existence ou la non-existence du hasard est un vieux problème qui n'est pas près d'être résolu.

Rappelons en terminant qu'au XVIIIe siècle, les savants connaissaient cent décimales de Pi, en 1973 un petit million et en 1996 six milliards, selon un Japonais de l'Université de Tokyo. Ce genre d'exercices n'a d'ailleurs pas la moindre utilité puisqu'il est admis que trente-neuf décimales suffisent pour calculer la circonférence de l'univers avec une marge d'erreur n'excédant pas le rayon d'un atome d'hydrogène!

LES NOMBRES PREMIERS

Ces nombres exercent une réelle fascination. Rappelons simplement qu'ils ne sont divisibles que par eux-mêmes ou par un. Le chiffre ou nombre un, spécial entre tous, est de ceux-là.

Il ne faut surtout pas se demander à quoi peut bien servir le fait de les rechercher. Les personnes chargées d'attribuer un numéro de carte de crédit aux clients sont bien heureuses que les mathématiciens se soient penchés sur la question. L'époque n'est pas lointaine où il aurait fallu des mois pour trouver quelques centaines de nombres premiers.

Plusieurs chercheurs ont essayé de savoir quelle pouvait bien être la règle qui régit la suite de ces nombres et quel en était le dernier. Il est maintenant démontré que la quantité de ces nombres premiers est infinie et qu'il est donc vain de vouloir atteindre le dernier. Au moment de rédiger ce livre, voici à quoi ressemblait le plus grand nombre premier : 2 puissance 1398269 moins 1.

Découvert par un ingénieur français d'une équipe de recherche de logiciels, le trente-cinquième nombre, dit de «Mersenne» — nom d'un abbé du XVIIe siècle, ami de Descartes —, a demandé neuf mois de travail sur dix-huit ordinateurs personnels! Malgré cela, la probabilité qu'il fût un nombre premier était de 1/35 000... Inutile de dire que d'ici peu de temps les chercheurs en auront trouvé un encore plus grand.

L'intérêt de leur étude concerne les propriétés de ces nombres. Voici d'ailleurs l'une d'entre elles. Tout nombre qui n'est pas premier peut être engendré par la multiplication de nombres premiers (Exemple : 2 x 3 x 7 x 11 = 462).

LE NOMBRE D'OR

S'il est un joyau qui éblouit tout le monde, c'est bien lui. Il n'est cependant pas certain qu'il soit connu autrement que par ouï-dire. Il existe plusieurs façons de le définir et d'aborder son étude. Prenons d'abord la plus classique. Le nombre d'or est une proportion qui correspond au partage le plus harmonieux d'une grandeur en deux parties inégales. Ce nombre d'or est exprimé par la formule : $a + b/a = a/b$. Mais cette façon de présenter la question peut rebuter bien des gens.

Nous avons déjà évoqué le fameux triangle isocèle sublime dont l'angle au sommet vaut 36° et chaque angle de base 72° (chapitre 1, «Le nombre trois», Fig. 3). Si l'on divise la longueur du côté AB par la longueur de la base, on découvre Phi, qui est l'appellation récente de la fameuse «section dorée», ainsi dénommée par Léonard de Vinci (AB/BC = Phi).

Prenons un autre exemple, celui d'un triangle rectangle dont le petit côté mesure un et le grand côté le double. En vertu du fameux théorème de Pythagore, l'hypoténuse vaut $\sqrt{5}$. La somme des trois grandeurs donne 5,2360 (1 + 2 + 2,2360). Ce résultat n'est autre que la mesure multipliée par 10 de ce que les Égyptiens dénommaient la coudée. Si l'on divise la longueur de cette coudée par 2, on obtient le pied, soit 0,2618 m. Si l'on soustrait 1 à ce nombre, on obtient 1,618, qui est le fameux nombre d'or! Or, sachant que la longueur d'un arc de 15° vaut 2,618 pour un cercle dont la longueur du rayon est égale à un, le lien que ces données ont avec Pi est celui-ci : 12 x 0,2618 = 3,1416.

Ce que je viens d'exposer n'est pas suffisant pour bien

connaître cette divine proportion. Faisons un peu de géométrie de la manière la plus simple possible pour en savoir davantage [Fig. 21] :

Fig. 21
Le décagone et le nombre d'or

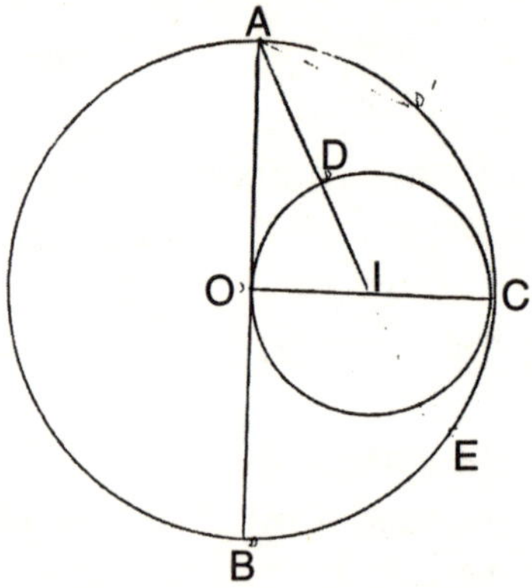

1. Tracez un cercle de centre O.
2. Tracez le diamètre AB.
3. Tracez le rayon OC perpendiculaire au diamètre.
4. Placez la pointe sèche du compas sur le milieu du rayon OC et tracez le cercle de centre I ayant le rayon OC comme diamètre.
5. Abaissez la droite AI et prolongez-la jusqu'à ce qu'elle rencontre le point E de la circonférence. Il apparaît à ce moment que la portion de droite AD correspond à la longueur du côté du décagone régulier.
6. Reportez la longueur AD à l'aide du compas sur le grand cercle pour construire le décagone.
7. Si vous divisez la longueur du rayon de la grande circonférence de rayon O par la longueur du côté du décagone, vous trouverez le fameux Phi ou nombre d'or.

Abordons maintenant la question sous un angle différent. Les historiens affirment que Pythagore cherchait les lois mathématiques de tous les aspects de l'harmonie. Cette approche scientifique et très rationnelle n'empêche cependant pas certains esprits pervers de nier l'existence même de l'harmonie. D'aucuns vont jusqu'à dire qu'elle est une création de l'homme et qu'elle varie selon les époques et les civilisations. Malheureusement pour eux, l'idée de beauté et d'harmonie est tellement naturelle que même les enfants savent la distinguer de la laideur. Mais revenons à Pythagore. Il découvrit que la plus grande dimension (disons G) est à la plus petite dimension (disons P) comme la somme de ces deux dimensions rapportée à la plus grande. Voici donc comment peut se traduire cette égalité : $G/P = G + P/G$.

Il est donc possible de dégager le nombre d'or à partir de formules arithmétiques et géométriques. Signalons aussi que ce fameux nombre peut être présent dans des équations algébriques.

Nous avons vu que notre nombre se cache dans des rapports géométriques qui concernent le triangle isocèle et le décagone. Examinons maintenant les rapports nichés dans l'une des figures les plus communes de notre environnement : le rectangle [Fig. 22].

Fig. 22
Rectangle dans un rapport simple avec le nombre d'or

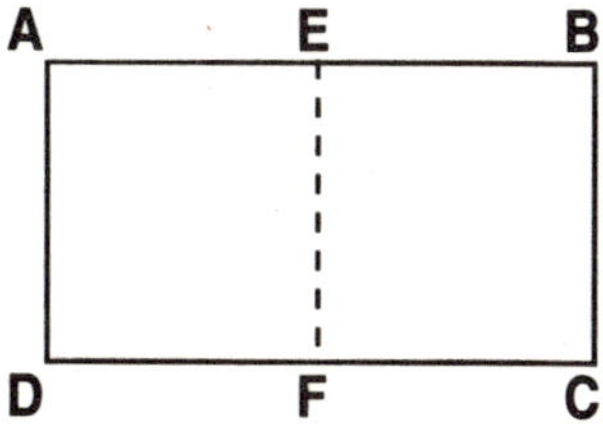

Il est d'usage de désigner par k le rapport de la longueur du grand côté à celle du petit, mais ce n'est pas un moyen unique. Prenons le rectangle ABCD pour lequel la valeur k serait inférieure à 2 et supérieure à 1. Ici, 4 mm pour le petit côté et 6,4 mm pour le grand. Abaissons la droite EF à partir du milieu de AB jusqu'au côté DC. Nous avons maintenant deux rectangles égaux AEFD et EBCF. Nous savons que AB/AD ou DC/BC = k et que AD/DF = k' = 2/k. Si nous posons comme principe que k (le premier rapport) est égal à 1,618, il est évident que k' vaudra 2/1,618, soit 1,236.

Nous avons pris un exemple de rapport simple, mais il est possible de découvrir des relations entre segments de droite dans d'autres figures géométriques, notamment dans des triangles inclus dans des rectangles. Rappelons que l'un de ces plus simples rapports peut se trouver dans la longueur du grand côté d'un rectangle et celle du plus petit dans l'hypothèse où la valeur k est comprise entre 1 et 2. Ces considérations ne sont pas que théoriques : les cartes de visite ou les morceaux de sucre sont souvent ou ont été longtemps conçus à partir de ce rapport de longueurs.

Voyons maintenant d'autres exemples que celui de ce premier rectangle. Notons que les deux rectangles qui suivent ont un grand côté de 8 mm et un petit de 4,9 mm. Dans le rectangle de la Figure 23, le rapport de la diagonale AC et de la longueur du côté AD = Phi. Dans celui de la Figure 24, le rapport BE/BC = Phi ou BE/AD ou EC/BC ou EC/AD = Phi.

Fig. 23
Rectangle dont le rapport AC/AD est égal au nombre d'or

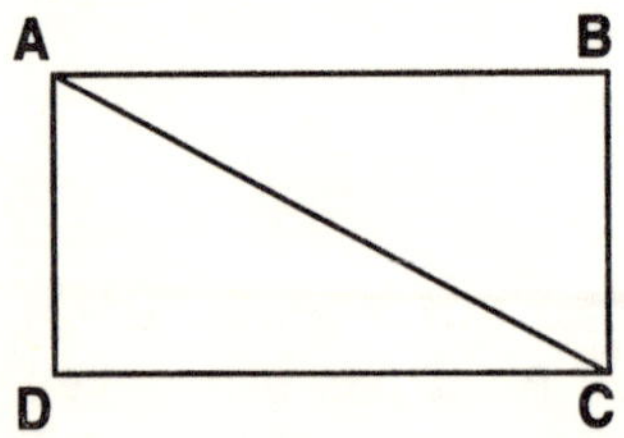

Fig. 24
Rectangle dont le rapport BE/BC est égal au nombre d'or

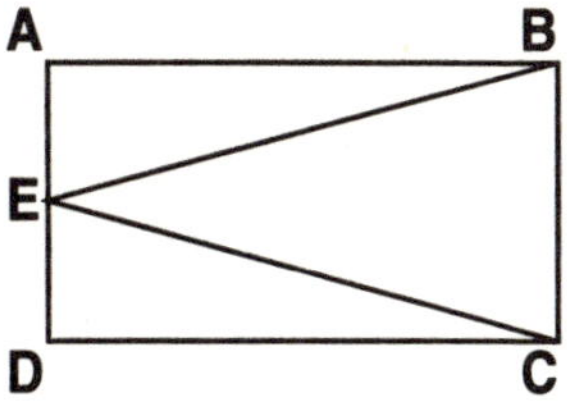

Ce rapport pourrait parfaitement être dégagé dans d'autres rapports de figures géométriques associées à des rectangles, comme par exemple le pentagone. Nous nous limiterons simplement à rappeler que ce que l'on désigne sous le nom de rectangle √5 (racine de 5) est celui dont la longueur est celle de l'hypoténuse du triangle rectangle et dont les côtés de l'angle droit sont entre eux comme deux et un. La formule du nombre d'or est facile à retenir : 1 + √5/2. Ce nombre d'or est égal à son inverse 1/1,618 augmenté d'une unité. C'est ainsi que les décimales de Phi ou de son inverse sont exactement les mêmes, ce qui d'ailleurs n'est pas particulier à ce nombre.

Ce sont les Grecs anciens qui eurent l'immense mérite de formuler la divine proportion à l'aide des mathématiques, mais il est probable que d'autres peuples, les Égyptiens par exemple, en aient eu connaissance. Il semble en effet que l'application du nombre d'or soit observable dans la construction de la Grande Pyramide. Tout comme dans celles du Parthénon — dont le nom signifie «virginité» — et de certaines de nos cathédrales.

En vérité, il existe des rapports mathématiques, dont celui qui concerne le nombre d'or, dans la plupart des faits de nature. Le rapport de la taille d'un être humain avec la hauteur de l'ombilic est voisin du nombre d'or. Celui de la phalangine et de la phalangette des doigts ou de la phalange à la phalangine correspond aussi au nombre d'or. Une écriture dite harmonieuse est celle où les hampes sont dans la même relation avec les voyelles ou les consonnes sans jambage. Ce rapport est parfois désigné sous la forme de deux fractions : 8/5 ou 5/3. Soulignons que le règne végétal présente lui aussi des exemples de cette proportion.

Pour compléter ce bref exposé consacré au nombre d'or, revenons un instant à la géométrie simple pour parler des fleurs. Et construisons un pentagone [Fig. 25]. Peut-être est-il utile de rappeler une des manières d'y parvenir.

Fig. 25
Pentagone dont le rapport AC/AB est égal au nombre d'or

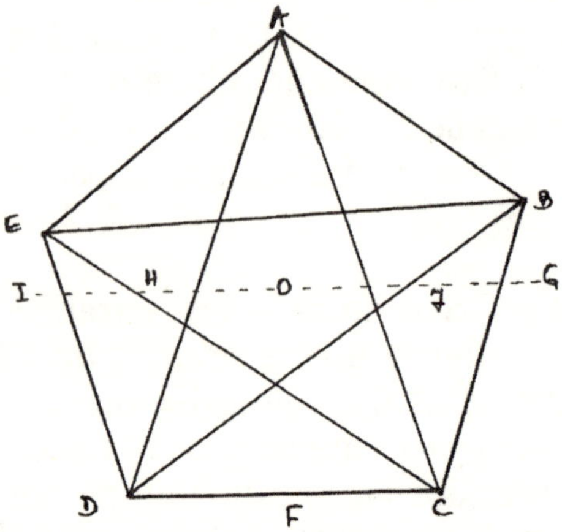

1. Tracez un cercle. (Ici le rayon a 6 mm de longueur.)
2. Tracez deux diamètres en croix afin qu'ils forment quatre angles droits.
3. Indiquez le milieu du rayon OG ou celui de OI.
4. Abaissez la demi-droite AH.
5. Posez la pointe sèche du compas sur H et décrivez l'arc AJ.

6. Les droites AH ou AJ correspondent au côté du pentagone.
7. Nous avons donc obtenu un pentagone régulier convexe de côté AB et un pentagone régulier étoilé de côté AC. Le rapport AC/AB est égal au nombre d'or.

Cette brève escapade en géométrie nous ramène aux fleurs qui ont cinq pétales. Les mathématiciens les plus rigoureux y reconnaissent un lien avec le nombre d'or, et voici pourquoi. Prenons l'exemple des fleurs dites alternes ou isolées. Elles ne sont pas en fait si isolées puisqu'elles sont attachées à la tige par un noeud lui-même placé sur une sorte de ligne imaginaire de forme hélicoïdale qui évoque un cylindre. Les noeuds sont à l'intersection de l'hélice et de cinq génératrices du cylindre qui rencontrent le pourtour de la section droite en des points qui sont les sommets d'un pentagone régulier. La configuration de l'étoile de mer rejoint elle aussi celle du pentagone.

En conclusion, nous dirons que le nombre d'or n'est par une invention des hommes, mais une découverte. Le simple fait que cette proportion existe dans le règne animal ou végétal est un argument décisif. Nous répétons que l'harmonie n'est pas une donnée subjective liée à une époque ou à une civilisation; elle est une réalité mesurable à laquelle tous les humains sont sensibles. D'ailleurs, les personnes qui la nient — pour des raisons idéologiques ou politiques — se garderaient bien de vivre dans une maison où les fenêtres auraient des formes disgracieuses et où les meubles seraient fabriqués n'importe comment! L'être humain possède en lui l'intuition du Beau, même si certains s'acharnent à le nier.

LES DIFFÉRENTS TYPES DE NOMBRES

Bien que cet ouvrage n'ait rien à voir avec un livre

d'arithmétique, il nous a semblé utile de réserver un passage aux différents types de nombres, que nous aborderons le plus simplement possible.

Il y a d'abord ceux que l'on désigne sous le nom de nombres entiers naturels : 0, 1, 2, 3... Leur ensemble correspond à N. Mais comme la soustraction n'est pas toujours possible, il a fallu construire un autre ensemble, que l'on a nommé Z : -2, -1, 0, +1, +2... Ce sont les entiers relatifs. Rappelons que le mot allemand *zählen* signifie calculer. Puis comme la division n'est pas non plus toujours possible, un autre ensemble a dû être créé : les nombres fractionnaires ou rationnels désignés par la lettre Q. C'est l'ensemble des nombres de la forme p/q étant entendu qu'il s'agit là de deux nombres entiers relatifs et donc affectés d'un signe.

Il y a aussi les nombres réels, qui sont constitués par l'ensemble des rationnels et des irrationnels, et les transcendants, dont Pi est un illustre représentant. Les irrationnels sont ceux que l'on ne peut pas mettre sous la forme p/q, $\sqrt{2}$ en est un exemple.

Quant aux nombres dits complexes, il y a bien longtemps qu'ils ne désignent plus ceux dont on se servait pour les mesures sexagésimales du temps. Ce sont des nombres de la forme a+ib où a et b sont des nombres réels et i un nombre tel que $i^2 = -1$. Leur construction répond à la nécessité de donner une racine carrée à un nombre négatif.

Faisons également mention des nombres dits de Fibonacci, du nom de ce fameux mathématicien né à Pise qui introduisit en Europe les chiffres arabes et l'algèbre. Ces nombres sont simplement la suite de ceux qui commencent par 1 et tels que chacun d'eux est la somme des deux qui le précèdent : 1, 1, 2, 3, 5, 8, 13, 21...

Rappelons simplement que les nombres parfaits sont égaux à la somme de leurs diviseurs, autres qu'eux-mêmes (6, 28...), que les nombres amiables sont tels que la somme des diviseurs de chacun est égale à l'autre (220 et 284...). Nous invitons le lecteur à se référer au chapitre 1, «À propos des nombres», pour une explication plus détaillée.

Fermons la marche avec les nombres premiers, qui ne sont divisibles que par eux-mêmes ou par un. Entre eux, ils n'ont que un pour seul diviseur commun; c'est le cas dans les fractions irréductibles comme 7/9 ou 11/19. Les nombres jumeaux, eux, sont des nombres premiers qui diffèrent de deux unités, 17 et 19 en sont des exemples.

CHAPITRE 3

Les caractères de divisibilité 3

Après avoir examiné les nombres sous l'angle des mystères religieux et ésotériques, nous voici de retour dans le monde, un peu plus austère mais combien utile, de l'application des propriétés des nombres.

Nous connaissons tous certains caractères de divisibilité (par lesquels on peut reconnaître qu'un entier est divisible par un autre), du moins les plus répandus, mais bon nombre d'autres existent, qui pourraient d'ailleurs s'avérer tout aussi utiles dans la vie courante.

LES PLUS CONNUS

Divisibilité par 2. Il suffit que le dernier chiffre du nombre soit pair, c'est-à-dire qu'il corresponde à 2, 4, 6, 8 ou 0. Si un nombre n'est pas divisible par l'un de ces cinq chiffres, c'est un nombre impair, et s'il est divisé par 2, il donnera toujours 1 pour reste.

Divisibilité par 3. Pour qu'un nombre soit divisible par 3, il suffit que la somme de ses chiffres soit divisible par 3. Exemple : 5211.

Divisibilité par 4. Il suffit que les deux derniers chiffres soient des 0 ou qu'ils forment un nombre multiple de 4, comme 500 ou 424. Par ailleurs, si les deux derniers chiffres du nombre ne sont pas deux 0 ou ne forment pas un nombre multiple de 4, le reste de la division du nombre par 4 est égal au reste de la division par 4 du nombre formé par ses deux derniers chiffres. Exemple : 739.

Divisibilité par 5. Il suffit que le chiffre des unités soit 0 ou 5.

Divisibilité par 6. Un nombre est divisible par 6 s'il l'est à la fois par 2 et par 3. Par exemple 750 est divisible par 2 et par 3 puisque 7 + 5 = 12.

Divisibilité par 7. Nous retrouvons ici la spécificité de ce nombre divin et étrange. Qui connaît son caractère de divisibilité? Le voici : il suffit que la différence de ses tranches de rang impair et de rang pair donne 0, 7 ou un multiple de 7. Prenons l'exemple de 365 279 : comptons à partir de la gauche trois chiffres pour obtenir la première tranche de rang impair (qui équivaut à 365), puis soustrayons de cette tranche celle de rang pair (formée par 279); la différence ainsi obtenue (86) n'est ni 0, ni 7, ni un multiple de 7, donc 365 279 n'est pas divisible par 7.

Divisibilité par 8. Un nombre est divisible par 8 quand ses trois derniers chiffres forment un nombre divisible par 8 (3336, soit 336 / 8 = 42) ou correspondent à trois 0 à condition que le nombre ait au moins quatre chiffres. Remarquons en passant qu'un nombre peut ne pas être divisible par 8, même s'il l'est par 4 et par 2 en même temps. C'est le cas de 500.

Divisibilité par 9. On retrouve ici le même principe que celui qui vaut pour le 3. Il suffit que la somme des chiffres du nombre soit divisible par 9.

Divisibilité par 10. Comme ce caractère est sans doute l'un des plus connus, disons seulement que le nombre doit être divisible à la fois par 2 et par 5, c'est-à-dire se terminer par un zéro.

Divisibilité par 11. Un nombre est divisible par 11 quand l'excès de la somme de ses chiffres de rang impair à partir de la droite sur celle des chiffres de rang pair donne 0, 11 ou un multiple de 11. Prenons l'exemple de 37 856 : faisons d'abord la somme des chiffres de rang impair (6 + 8 + 3 = 17), puis celle des chiffres de rang pair (5 + 7 = 12); l'excès des sommes ainsi obtenu (5) n'est ni 0, ni 11, ni un multiple de 11, donc 37 856 n'est pas divisible par 11.

Divisibilité par 12. Il faut que le nombre soit à la fois divisible par 6 et par 2. Exemple : 144.

Divisibilité par 13. Il suffit que la différence entre la somme des chiffres de rang impair et la somme des chiffres de rang pair soit nulle ou divisible par 13. Reprenons le nombre 365 279. La différence entre 926 (chiffres de rang impair) et 753 (chiffres de rang pair) est 173, qui n'est pas divisible par 13, donc 365 279 n'est pas divisible par 13.

Divisibilité par 14. Il suffit que le nombre soit à la fois divisible par 7 et par 2. Exemple : 7378.

Divisibilité par 15. Il faut que le nombre soit à la fois divisible par 3 et par 5.

LES MOINS BIEN CONNUS

Divisibilité par 27. Il faut que la somme des tranches de trois chiffres formées à partir de la droite soit elle-même divisible par 27.

Divisibilité par 33. Il faut que la somme des tranches de deux chiffres à partir de la droite soit elle-même divisible par 33. Exemple : 9336. La somme de 36 et 93, soit 129, n'est pas divisible par 33.

Divisibilité par 99. Il suffit que le nombre soit à la fois divisible par 9 et par 11. Mais comme il est peut-être plus rapide de faire la division, il existe une autre méthode qui permet de gagner quelques secondes! Le nombre étant divisé en tranches de deux chiffres à partir de la droite, la somme de ses tranches doit être divisible par 99. Exemple : 7378. La somme des deux tranches est égale à 151, qui n'est pas divisible par 99.

Divisibilité par 77, 91, 143. Le nombre étant partagé en tranches de trois chiffres à partir de la droite, il faut que la différence entre la somme des tranches de rang impair et la somme des tranches de rang pair soit nulle ou divisible par 77, 91 ou 143.

Divisibilité par 1001. Le nombre étant partagé en tranches de trois chiffres à partir de la droite, il faut que la différence entre la somme des tranches de rang impair et la somme des tranches de rang pair soit nulle ou divisible par 1001.

Toute cette gymnastique arithmétique est en quelque sorte un jeu pour amateurs éclairés, car il est évident que dans bien des cas il est plus rapide et plus simple de faire la division!

CHAPITRE 4

Quelques curiosités arithmétiques

4

L'ÉTRANGE NEUF

Si vous multipliez ce nombre par l'un de ceux qui constituent la suite des neuf nombres premiers naturels, vous constaterez que les produits obtenus contiennent des chiffres de dizaine correspondant à cette suite, alors que les chiffres d'unité reprennent cette suite, mais dans l'ordre inverse.

Lisez chaque produit de haut en bas pour les dizaines et de bas en haut pour les unités :

9 x 1 = 09
9 x 2 = 18
9 x 3 = 27
9 x 4 = 36
9 x 5 = 45
9 x 6 = 54
9 x 7 = 63
9 x 8 = 72
9 x 9 = 81
9 x 10 = 90

Observez maintenant l'aspect des produits de l'élévation au carré de nombres composés de neuf.

$9^2 = 81$
$99^2 = 9801$

$999^2 = 998\,001$
$9999^2 = 99\,980\,001$
$99\,999^2 = 9\,999\,800\,001$

C'est un exercice simple qui peut distraire et intéresser les enfants ou les adolescents. Il ne faut rien négliger pour leur donner le goût des chiffres ou à tout le moins leur permettre de les apprivoiser.

L'INSOLITE ONZE

Revenons à cette vieille connaissance pour faire la même opération d'élévation au carré appliquée au neuf :

$11^2 = 121$
$11^3 = 1331$
$11^4 = 14\,641$

Il suffit de regarder les produits pour comprendre qu'il est possible d'obtenir les résultats sans effectuer l'opération. Il faut tout simplement écrire le chiffre des unités de la puissance précédente, c'est-à-dire 1, et l'ajouter au chiffre des dizaines de la même puissance, puis d'ajouter celui des dizaines à celui des centaines, etc. En voici un exemple : si je veux connaître le produit de l'élévation au cube de 11, alors que je sais celui du carré (qui est de 121), j'écris le chiffre des unités de la puissance précédente (c'est toujours 1) et j'additionne ce chiffre au chiffre des dizaines de la même puissance, celui des dizaines à celui des centaines et ainsi de suite.

Voyons maintenant quelque chose d'encore plus simple : les produits de l'élévation au carré des nombres composés uniquement de chiffres un :

$1^2 = 1$
$11^2 = 121$
$111^2 = 12\,321$

$1111^2 = 1\,234\,321$
$11\,111^2 = 123\,454\,321$
$111\,111^2 = 12\,345\,654\,321$
$1\,111\,111^2 = 1\,234\,567\,654\,321$
$11\,111\,111^2 = 123\,456\,787\,654\,321$
$111\,111\,111^2 = 12\,345\,678\,987\,654\,321$

On peut voir que si l'on multiplie par lui-même le dernier nombre de neuf chiffres, soit 111 111 111, on obtient un produit composé des neuf premiers chiffres naturels dans l'ordre, puis dans un ordre dégressif.

L'ÉTONNANT QUARANTE-CINQ

Examinons ensemble le nombre formé par les neuf premiers chiffres naturels placés par ordre dégressif (987 654 321) et formons-en un autre en plaçant ces mêmes chiffres par ordre progressif (123 456 789). La somme des chiffres de chacun de ces nombres donne, bien évidemment, 45. Mais qu'en est-il de leur soustraction?

$$\begin{array}{r} 987\,654\,321 \\ -\underline{123\,456\,789} \\ 864\,197\,532 \end{array}$$

Aussi étonnant que cela puisse être, la différence entre les deux nombres est, elle aussi, composée de chiffres dont la somme est égale à 45 (8 + 6 + 4 + 1 + 9 + 7 + 5 + 3 + 2 = 45)!

LES CARRÉS MAGIQUES

Nous avons eu l'occasion d'en présenter quelques-uns (chapitre 1, «Le nombre cinq» et «Le nombre quinze»). Nous nous proposons maintenant de décrire les règles qui régissent leur formation. Nous verrons ainsi que ces fameux carrés ne sont pas aussi magiques que l'on le dit. Les historiens des mathématiques confirment qu'ils sont connus depuis très longtemps; toutefois, les premières règles concernant leur formation ne sont vraisemblablement apparues qu'à partir du XIVe siècle par l'entremise de Moscopule, un moine grec.

Voyons cela de plus près. Construisons un carré ABCD divisé en petites cases égales, dont chacune contient un nombre entier, séparées par des parallèles. Pour que le carré soit dit magique, il faut et il suffit que la somme des nombres placés sur la ligne horizontale soit égale à celle des nombres placés sur la ligne verticale ainsi qu'à celle des chiffres formant les deux diagonales [Fig. 26]. Dans la figure qui suit, il suffit de faire les additions dans les trois sens mentionnés pour voir que l'on trouve la somme 15 pour chacun d'eux.

Fig. 26
Carré magique de 3, base 15

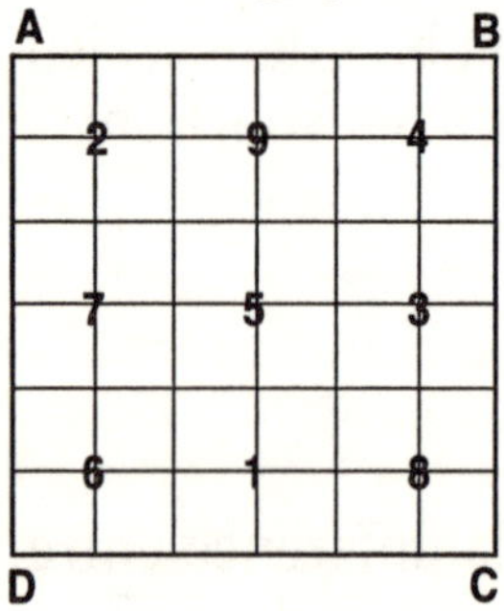

Mais comment faire pour construire un carré magique [Fig. 27]? Précisons au point de départ qu'il existe des carrés magiques de côté impair (dont le côté est divisible par un nombre impair, par exemple 5) et des carrés de côté pair (dont le côté est divisible par un nombre pair, par exemple 4). Essayons de construire un carré magique de 5. Il contiendra vingt-cinq cases puisqu'il est désigné par le nombre de divisions égales de son côté. On dit que les nombres contenus dans les cases sont les éléments du carré. Traçons d'abord des cases disposées en échelons et égales à celles du carré (indiquées par un pointillé

Fig. 27). Puis remplissons diagonalement les cinq échelons de cinq cases avec les vingt-cinq premiers nombres. Déplaçons ensuite les chiffres extérieurs des cases tracées en pointillé dans la colonne où ils sont déjà vers la cinquième case qui suit celle où ils sont inscrits. Comparez maintenant votre résultat [Fig. 27 bis].

Fig. 27
Configuration préparatoire à la formation
du carré magique de 5, base 65

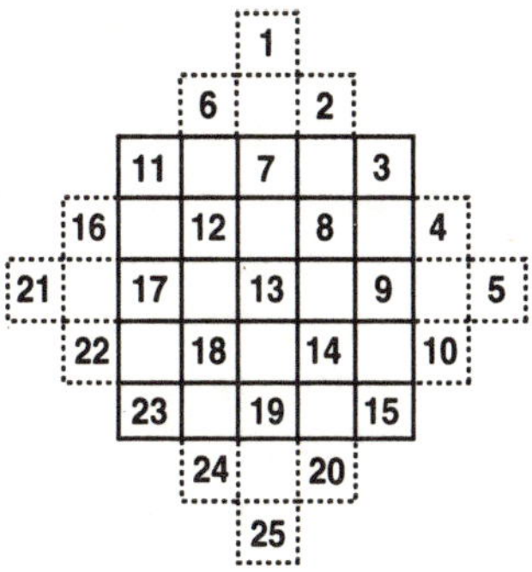

Fig. 27 bis
Carré magique de 5, base 65

11	24	7	20	3
4	12	25	8	16
17	5	13	21	9
10	18	1	14	22
23	6	19	2	15

Cette méthode, inventée au XVIe siècle par Bachet de Méziriac, est expliquée de façon lumineuse par le mathématicien E. Fourrey (voir bibliographie).

Prenons maintenant un exemple de carrés impairs, tel qu'il est présenté dans le livre d'E. Fourrey, tous trois composés de 25 cases, dits carrés de 5 (la racine), base 15 [Fig. 28], base 50 [Fig. 29], base 65 [Fig. 30].

Fig. 28
Carré magique de 5, base 15

5	1	2	3	4
3	4	5	1	2
1	2	3	4	5
4	5	1	2	3
2	3	4	5	1

On remarque que les cinq nombres formant la première ligne horizontale ont été écrits dans un ordre quelconque et qu'ils ont été reproduits sur la ligne suivante, qui commence par le quatrième nombre de la première ligne (soit 3). La troisième ligne a été formée de la même façon à partir de la deuxième ligne (elle commence donc par 1), la quatrième l'a été à partir de la troisième (elle commence donc par 4) et la cinquième à partir de la quatrième (elle commence donc par 2). En procédant de cette façon, chaque ligne horizontale et chaque colonne verticale contiennent une seule fois chacun des cinq premiers nombres.

Fig. 29
Carré magique de 5, base 50

0	5	10	15	20
10	15	20	0	5
20	0	5	10	15
5	10	15	20	0
15	20	0	5	10

Ce deuxième carré magique contient dans un ordre quelconque les termes de la progression arithmétique de raison 5, soit 0, 5, 10, 15, 20. Notons que la deuxième ligne est formée des mêmes nombres que la première et que, contrairement à la construction du premier carré [Fig. 28], elle commence par le nombre du milieu de la première ligne (soit 10), et ainsi de suite jusqu'à la cinquième.

Fig. 30
Carré magique de 5, base 65

5	6	12	18	24
13	19	25	1	7
21	2	8	14	20
9	15	16	22	3
17	23	4	10	11

Le troisième carré magique formé avec les 25 premiers nombres résulte de l'addition de ceux des deux premiers carrés, ligne par ligne [Fig. 28 et 29]. (Exemple : Fig. 28, première ligne : 5 + 1 + 2 + 3 + 4 = 15. Fig. 29, première ligne : 0 + 5 + 10 + 15 + 20 = 50, soit 15 + 50 = 65, base du troisième carré.)

Voyons maintenant le cas des carrés pairs en prenant l'exemple du carré magique de 4. Rappelons que les termes dits complémentaires d'une progression arithmétique donnée sont ceux qui se trouvent à égale distance des termes extrêmes de la progression. La progression arithmétique 2 4 6 8 10 12 a pour extrêmes 2 et 12, et pour complémentaires 6 et 8 ainsi que 4 et 10. Soulignons au passage que la somme des deux complémentaires est égale à la somme des extrêmes (2 + 12 = 14; 6 + 8 = 14; 4 + 10 = 14). Voici donc trois carrés magiques composés de 16 cases, dits carrés de 4 (la racine), base 20 [Fig. 31], base 48 [Fig. 32], base 68 [Fig. 33].

Fig. 31
Carré magique de 4, base 20

4	8	2	6
6	2	8	4
6	2	8	4
4	8	2	6

Fig. 32
Carré magique de 4, base 48

24	0	0	24
8	16	16	8
16	8	8	16
0	24	24	0

Fig. 33
Carré magique de 4, base 68

28	8	2	30
14	18	24	12
22	10	16	20
4	32	26	6

Terminons cette brève incursion dans le domaine des carrés dits magiques en parlant d'une autre catégorie : celle des carrés dont les éléments sont les termes d'une progression géométrique, où la raison multiplie chaque terme (par exemple 2, 8, 32, 128, dont la raison est 4). Dans les carrés magiques de ce type [Fig. 34], les nombres sont des exposants. Ils figurent à côté et en haut de chaque chiffre. Prenons l'exemple d'un carré dit de trois, où les sommes des éléments sont égales dans le sens vertical ou horizontal de chaque ligne et où la somme des exposants est toujours la même.

Fig. 34
Carré magique de 3 à progression géométrique

4^1	4^0	4^2
4^2	4^1	4^0
4^0	4^2	4^1

Mentionnons finalement que les rectangles, tout comme les cercles et les cubes, peuvent être magiques! Mais puisque notre propos est davantage orienté vers le divertissement, nous laissons à d'autres le soin d'en fournir les explications.

CHAPITRE 5

Des nombres et des jeux

5

Qui n'a pas eu un jour à se soumettre à un test dans lequel figuraient des jeux numériques? Comme ce genre d'épreuves est relativement fréquent, nous vous proposons donc de faire travailler votre vivacité d'esprit tout en vous amusant. Nous tenons toutefois à préciser que si vous réussissez ces exercices, il ne faudra pas en conclure que vous avez des aptitudes pour les mathématiques, bien qu'une bonne aisance dans les jeux numériques annonce assez souvent un esprit habile en calcul et une bonne logique.

Les exercices qui suivent sont placés par ordre croissant de difficulté, exception faite des trois derniers qui sont un peu plus légers. Il est recommandé de ne pas regarder trop vite les réponses (apparaissant à la fin des exercices). L'important est de tirer parti de tout ce que nous vous avons dit et de ce que nous vous dirons. Si vous progressez dans le domaine du raisonnement, vous n'aurez pas travaillé en vain.

JEUX NUMÉRIQUES

Trouvez le nombre qui manque dans ces suites.

1)	1	6	?	16	21	26	
2)	2	4	8	10	20	22	?

3) 5 11 6 12 7 13 ?

4) 2 3 6 9 36 41 246 ?

5) 3 6 12 24 48 ?

6) 3 7 2 6 1 5 ?

Certains nombres sont associés à un autre à la suite d'une opération arithmétique. Quel est le nombre manquant dans chacune des figures suivantes?

7) Fig. 35

11 15

8 20

6 26

?

8) Fig. 36

3

81 27

? 243

9

9) Fig. 37

68

? 13

79 90 57

24 35

46

10) Fig. 38

2

? 81

8 7

9 49

4

11) Fig. 39

4 6

10 5

9 ?

8

12) Fig. 40

5

125 625

25 ?

13) Identifiez le nombre qui manque dans ce carré «presque» magique.

2	10	2	6
8	2	2	8
2	2	12	4
8	6	4	?

14) Complétez le carré magique suivant.

?	7	?	12
9	4	6	15
8	?	11	2
3	10	?	5

15) Quels signes arithmétiques faudrait-il mettre entre ces nombres et les parenthèses pour que l'égalité soit réelle?

(1 2 3 4 5 6 7) (8 9) = 100

16) Que devient le quotient d'une division
- **a)** si on ajoute le diviseur au dividende?
- **b)** si on retranche le diviseur du dividende?
- **c)** si on ajoute trois fois le diviseur au dividende?

17) Il y a dans une écurie des jockeys et des chevaux. On dénombre 72 pieds et 22 têtes. Combien y a-t-il d'hommes et de chevaux?

18) Insérez entre ces nombres et les parenthèses les signes arithmétiques appropriés pour que l'égalité soit juste.
(9 9 9) 9 = 720
9 (9 9 9) = 9
(9 9 9) 9 = 10

19) En combien de groupes de 13 et de 21 devra-t-on répartir les 177 ouvriers qui travaillent dans un même établissement?

20) Nous vous avons largement parlé de 12 et de son symétrique 21. Le carré de 12 est 144 (441 inversé) et celui de 21 est 441 (144 inversé). Existe-t-il d'autres nombres de deux chiffres qui ont cette même propriété?

21) Si l'on ajoute 14 au produit des deux chiffres de 26, on obtient ce même nombre. Existe-t-il d'autres nombres dans le même cas que 26?

22) Un homme a quatre fois l'âge de son fils Jean. Pierre, qui a moins de 40 ans, a trois fois l'âge de sa fille. Dans 5 ans, ils fêteront la somme totale de leurs âges, soit 100 ans. Quel est l'âge actuel de chacun?

23) Si l'on retranche 110 au cube de ce chiffre, on en obtient le triple. Quel est ce nombre?

24) Complétez ce carré magique avec d'autres nombres premiers différents et de deux chiffres.

?	?	7
1	?	?
?	13	?

25) Combien y a-t-il de nombres de deux chiffres, de trois chiffres et de quatre chiffres?

26) Que devient un nombre si l'on supprime trois zéros à sa droite?

27) Quelle est la moitié de 1/5?

RÉPONSES

1) Le nombre systématiquement ajouté est 5. Celui qui manque est donc 11.

2) Dans cette suite, on ajoute deux et on multiplie tout de suite après par 2. Le nombre manquant est donc 44.

3) Dans cette série, on ajoute 6 et on soustrait tout de suite après de 5. Le nombre manquant est donc 8.

4) Nous voyons ici les opérations suivantes :
+ 1 multiplié par 2
+ 3 multiplié par 4
+ 5 multiplié par 6
Il faut donc compléter par + 7, ce qui donne 253.

5) Chaque nombre est multiplié par 2. La solution est donc 96.

6) Nous voyons ici l'alternance de + 4 et de - 5. Le résultat est donc 0.

7) On a appliqué à partir de 6 une progression + 2 + 3 + 4 + 5 + 6 + 7, donc le nombre manquant est 33.

8) Chaque nombre à partir de 3 a été multiplié par 3. Le nombre manquant est donc 729.

9) On a appliqué une progression de raison 11 à partir de 13. Le nombre manquant est donc 101.

10) Les nombres 2, 7, 8, 9 sont affectés de l'exposant 2. Le nombre manquant est donc 64.

11) On a appliqué un progression de raison 1 à partir de 4. Le nombre manquant est donc 7.

12) Chaque nombre à partir de 5 a été multiplié par 5. Le nombre manquant est donc 3125.

13) En faisant la somme de chaque ligne horizontale et de chaque ligne verticale (qui est égale à 20), on constate que 2 est le nombre manquant.

14) La somme de la deuxième ligne horizontale est égale à 34, même chose pour la quatrième verticale. La première ligne doit donc être complétée par 14 et 1, la troisième par 13 et la quatrième par 16.

15) Il faut insérer le signe plus devant chaque nombre jusqu'à sept et celui de multiplication entre les deux derniers (8 et 9) pour obtenir (28) + (72) = 100.

16) a) Le quotient augmente de 1.
b) Le quotient diminue de 1.
c) Le quotient augmente de 3.

17) S'il n'y avait que des hommes, il y aurait 44 pieds. Comme il y en a 72, donc 28 en plus, 14 chevaux sont présents puisque le cheval a deux pieds de plus que l'homme. Il reste ainsi suffisamment de têtes et de pieds pour 8 hommes!

18) (9 x 9 x 9) - 9 = 720
9 - (9 - 9 x ou / 9) = 9 OU 9 + (9 - 9 x ou / 9) = 9
(9 x 9 + 9) / 9 = 10

19) En faisant 1 groupe de 21 et 12 groupes de 13.

20) Les nombres 13 et 31 ont cette propriété (13 x 13 = 169 et 31 x 31 = 961). Il n'en existe pas d'autres.

21) Les nombres 38 et 59 ont la même caractéristique que 26.

22) Le père a 32 ans et son fils Jean 8. Pierre a 30 ans et sa fille en a 10. Leur âge total actuel totalise 80, c'est donc dire que dans 5 ans leur âge totalisera 100.

23) Ce nombre est 5.

24)

43	61	7
1	37	73
67	13	31

25) Il en existe 90 de deux chiffres, 900 de trois chiffres... et 9000 de quatre chiffres!

26) Il devient 1000 fois plus petit.

27) La réponse est 1/10.

6

Éléments de numérologie

Nous entrons maintenant dans un tout autre domaine. Il intéressera sans doute ceux et celles qui reconnaissent l'existence des mystères. Précisons au départ que nous ne porterons aucun jugement sur la pertinence de la numérologie. Nous nous limiterons à en exposer les principes et les méthodes.

On ne peut comprendre l'existence de la numérologie qu'en ayant un aperçu de la correspondance que certains peuples avaient établie entre les lettres et les chiffres. La numérologie a des racines lointaines. Mais parlons d'abord de l'alphabet et de la numération.

LETTRES ET NOMBRES

Quelque dix siècles avant Jésus-Christ, l'alphabet phénicien (qui compte vingt-deux lettres) fut adopté par les peuples occidentaux, qui y ont toutefois apporté quelques modifications. L'alphabet hébreu, dit carré, — toujours en usage — et l'alphabet grec — auquel les utilisateurs eurent l'idée géniale d'ajouter des voyelles — en sont des dérivés. Rappelons que le latin, le gothique, le cyrillique et tous les alphabets actuels sont en quelque sorte issus de l'alphabet grec.

Quant au phénomène d'association entre lettres et nombres, on lui reconnaît diverses origines. Il peut très certainement s'expliquer par la croyance en la force mystique des nombres et des mots, que l'on retrouve à toute époque — y compris à la nôtre —, et par le besoin de dénombrer les objets et les êtres de façon mémorable et même rituelle. Même si leur initiative ne correspond pas à un réel système de numération alphabétique, signalons tout de même que les Grecs avaient développé un système de numération de 1 à 24 selon la succession des lettres dans l'alphabet [Fig. 41].

Fig. 41
Tableau de numération de l'alphabet grec

A 1	I 9	ρ 17
B 2	K 10	Σ 18
γ 3	Λ 11	T 19
Δ 4	M 12	Y 20
E 5	N 13	Φ 21
Z 6	Ξ 14	X 22
H 7	O 15	Ψ 23
Θ 8	Π 16	Ω 24

On constate que chaque civilisation a établi son propre système de numération associé aux lettres de l'alphabet qu'elle utilisait. Les tableaux qui suivent en témoignent [Fig. 42, Fig. 43, Fig. 44].

Fig.42
Tableau de la numération hébraïque

Alef	a	1	Lamed	l	30
Bet	b	2	Mem	m	40
Guimel	g	3	Nun	n	50
Dalet	d	4	Sam ekh	s	60
Hé	h	5	Ayin		70
Vav	v	6	Pé	p	80
Zayin	z	7	Tsadé	ts	90
Hét	h	8	Qof	q	100
Tét	t	9	Resh	r	200
Yod	y	10	Shin	sh	300
Kaf	k	20	Tav	t	400

Fig. 43
Tableau de la numération grecque

Unités	Dizaines	Centaines
Α α alpha 1	Ι ι ista 10	Ρ ρ rô 100
Β β béta 2	Κ κ kaffa 20	Σ σ sigma 200
Γ γ gamma 3	Λ λ lambda 30	Τ τ tau 300
Δ δ delta 4	Μ μ mu 40	Υ υ upsilon 400
Ε ε epsilon 5	Ν ν nu 50	Φ φ phi 500
waw 6	Ξ ξ ksi 60	Χ χ khi 600
Ζ ζ djeta 7	Ο ο omicron 70	Ψ ψ psi 700
Η η éta 8	Π π pi 80	Ω ω omega 800
Θ θ théta 9		

Fig. 44
Tableau de la numération latine

A 1	K 10	T 100
B 2	L 20	V 200
C 3	M 30	X 300
D 4	N 40	Y 400
E 5	0 50	Z 500
F 6	P 60	
G 7	Q 70	
H 8	R 80	
I 9	S 90	

L'affectation de valeurs numériques aux lettres d'un alphabet n'est pas un phénomène nouveau. Et son principe dépasse le simple rapprochement, il repose en fait sur l'interprétation de la juxtaposition d'un nombre et d'une lettre ou d'un groupe de lettres. Les Juifs ont désigné cette pratique sous le nom de guématrie, possiblement une déformation de l'expression grecque *geometrikos arithmos,* «nombre géométrique». L'idée d'attribuer des pouvoirs divinatoires à ce type de correspondances ne tarda pas à se manifester. Des rabbins férus d'ésotérisme tentèrent de découvrir dans la kabbale certains nombres ou mots pouvant donner lieu à des prédictions.

Prenons l'exemple du mot Yahvé (Dieu). En appliquant la numération hébraïque à ce mot écrit en hébreu (YHWH) et en en faisant la somme, on obtient la valeur numérique 26 (Y = 5, H = 6, W = 5, H = 10). Si l'on fait un rapprochement entre les termes hébraïques qui désignent Amour et Unité, soit EHAD et AHAVAH, on obtient une valeur numérique 13 pour chacun d'eux, soit 26 au total. Rappelons que c'est au verset 26 du chapitre I de la Genèse que Dieu dit : «Faisons l'homme à notre image.» Que vingt-six générations séparent Adam de Moïse et qu'autant de descendants sont issus de Sem, fils de Noé. Par ailleurs, les numérologues de jadis, et notamment les kabbalistes, arrivent au nombre 26 en soustrayant la valeur numérique du mot Adam (45) de celle du mot Ève (19).

Le système de numération hébraïque a connu de nombreuses variantes. Certains ont choisi d'associer chaque lettre à sa valeur traditionnelle sans tenir compte des dizaines ou des centaines. D'autres ont attribué à chaque lettre son numéro d'ordre dans l'alphabet, ce qui paraît bien arbitraire. D'autres encore ont appliqué à chaque lettre le carré de sa valeur. Sans compter ceux qui ont attribué la valeur 1 à la première lettre, la valeur résultant de la somme des deux premiers nombres à la deuxième, celle résultant de la somme des trois premiers nombres à la troisième et ainsi de suite.

Les Grecs furent aussi des adeptes de ces rapprochements entre les lettres et les chiffres. Les Pères de l'Église chrétienne très imprégnés d'hellénisme développèrent un vif intérêt pour cette discipline. N'oublions pas que la koinè était une langue grecque très répandue à une certaine époque dans le bassin méditerranéen. Il est d'ailleurs très probable que l'interrogatoire de Jésus par Pilate se soit déroulé en koinè. C'est dire combien il était facile pour les civilisations grecque et hébraïque de faire des échanges.

Saint Augustin, le plus illustre des Pères de l'Église, fut également marqué par la philosophie platonicienne. Pour lui, les nombres figurant dans les Évangiles étaient chargés d'une signification mystérieuse et symbolique. Revenons à la fameuse pêche miraculeuse (Saint Jean, XXI, 10-12) et au nombre 153 (poissons). On constate qu'en additionnant la valeur numérique de chacune des lettres grecques composant le prénom Rébecca — PEBEKKA en grec : P (100), E (5), B (2), E (5), K (20), K (20), A (1) —, on obtient le même nombre, soit 153!

Cette étrangeté n'en est qu'une parmi d'autres. L'érudit Georges Ifrah (voir bibliographie) fait remarquer dans ses livres la similitude qui existe entre les valeurs numériques des mots grecs ALPHA et OMÉGA (1 et 800) — qui désignent le Dieu Jésus dans l'Apocalypse (XXII, 13) — et celle du mot grec qui signifie «colombe», PERISTERA (801). L'Esprit de Dieu n'est-il pas descendu sur Jésus sous la forme d'une colombe?

Les Juifs, les Grecs et certains éminents exégètes des Écritures chrétiennes ne furent pas les seuls à voir un enseignement tacite dans ces associations de lettres et de nombres. Les gnostiques faisaient également partie de ce groupe. Il en existe d'ailleurs encore aujourd'hui. Combattus à une époque par les apôtres des premiers siècles, puis décriés par le magistère de l'Église, ces gens se sont toujours évertués à cultiver l'ésotérisme et à entretenir la réalité d'un niveau hiérarchique dans la connaissance des choses divines, celles-ci ne pouvant être accessibles que par voie d'initiation et non par don de grâce.

Ce rapide tour d'horizon n'avait d'autre but que de faire ressortir le lien de parenté qui existe entre la numérologie actuelle et deux pratiques anciennes, la guématrie hébraïque et l'isopséphie grecque.

DÉFINITION DE LA NUMÉROLOGIE

La plupart des auteurs s'entendent pour dire que la numérologie est l'utilisation du symbolisme des nombres et de la vibration des lettres dans le but de mieux nous connaître et de mieux nous orienter. Il va de soi que ce genre de définition n'est pas de nature à satisfaire les esprits rationnels ou seulement précis. Vue sous cet angle, la numérologie ressortit à la pensée magique. C'est pourquoi nous allons l'étudier sans pour autant l'adopter. Nous considérons toutefois que cette pratique divinatoire basée sur l'analyse numérique de caractéristiques individuelles mérite d'être examinée. Après, libre à chacun d'en faire ce que bon lui semblera.

Pour les numérologues, les nombres sont doués d'une sorte de vibration, comme s'il s'agissait d'êtres vivants capables de nous transmettre un enseignement ou de l'information. Ils évoquent nos épreuves passées et celles à venir. Mais là comme dans d'autres disciplines, le libre arbitre reste entier. Même s'il est ici question de nombres, il n'y a pas à craindre pour le déterminisme. Tout ce que l'on peut trouver dans les nombres qui nous concernent n'est pas une invitation au fatalisme ou à la résignation. En d'autres termes, il ne faut pas compter sur la numérologie pour assouvir cette étrange soif de connaître l'avenir. D'ailleurs, avez-vous déjà imaginé quel calvaire représenterait une existence dont on connaîtrait d'avance les épreuves?

LA SYMBOLIQUE DES NOMBRES

Nous ne reprendrons évidemment pas tout ce que nous avons dit sur chacun des nombres. Nous mettrons plutôt en relief ce que l'hermétisme a coutume d'attribuer à chacun d'eux.

Un
Il symbolise l'unité, le Dieu de l'univers, l'origine. C'est une énergie isolée, qui donne une bonne idée de l'Infini. Sa multiplication par lui-même n'altère en rien son immuabilité. Il reste inaltérable quel que soit l'exposant qui lui est affecté. Il est aussi le premier des nombres premiers, donc seulement divisible par lui-même et par un. Interprétation en mode positif : autonomie, puissance. Interprétation en mode négatif : orgueil, inertie, stagnation.

Deux
Contrairement au nombre un qui est impair et yang, donc masculin, le deux est pair et yin, c'est-à-dire féminin. Il représente la dualité, le tiraillement entre les tendances contraires. Interprétation en mode positif : douceur, bienveillance, prévenance à l'égard d'autrui. Interprétation en mode négatif : irrésolution, variations d'humeur, dépendance.

Trois
Il symbolise tous les principes trinitaires, la naissance, la vie, la mort. Il évoque la Trinité chrétienne, c'est le triangle avec toutes les relations métriques qu'il contient. Lui aussi peut symboliser l'infini ne serait-ce qu'en raison de sa qualité de nombre premier et du quotient obtenu si l'on divise un par ce nombre. Interprétation en mode positif : succès, bonheur attribuable au dynamisme. Interprétation en mode négatif : superficialité, prédominance des sentiments sur la raison.

Quatre
Il évoque la stabilité et la durée. Mais il est aussi fermé à toute influence extérieure, prisonnier de son carré. Il

symbolise les quatre éléments fondamentaux : feu, terre, air et eau. C'est un nombre yin. Interprétation en mode positif : solidité, sérieux, sécurité. Interprétation en mode négatif : rigidité des attitudes, manque de réceptivité, goût de l'autorité.

Cinq

Le docteur Allendy (voir bibliographie) dit de ce nombre qu'il symbolise la matière, la vie, l'homme, l'incarnation. Désigné parfois sous le nom de Quinaire, c'est un nombre dit sphérique (dont la désinence du produit reste toujours la même quand il est multiplié par lui-même). Il est placé au milieu de la suite naturelle de un à dix et représente donc un axe d'équilibre. En Chine, les éléments fondamentaux (eau, feu, bois, métaux, terre) sont de l'ordre quinaire, tout au moins selon Confucius. L'étoile à cinq branches tracée d'un seul trait passe — en magie — pour écarter les mauvaises influences et elle inspire les pentacles. La parabole qui figure dans saint Matthieu (XXV, 2) sur les cinq vierges sages et les cinq vierges folles évoque l'usage malfaisant ou bienfaisant que nous pouvons faire de nos sens. C'est du moins une lecture possible. Interprétation en mode positif : adaptabilité, mobilité. Interprétation en mode négatif : excès, action désordonnée.

Six

Désigné à l'occasion sous le nom de Sénaire, le six symbolise l'harmonie, la beauté, mais aussi l'épreuve et la justice. Certains auteurs, comme François Notter (voir bibliographie), estiment que le six fait penser à l'amour charnel et à la tendresse. Le six, c'est la beauté plastique des êtres, la séduction. Il a la force de type yin. Il est l'élément conciliateur. N'oublions pas qu'il est pair, donc féminin. Interprétation en mode positif : goût pour les arts et pour la diplomatie. Interprétation en mode négatif : manque de scrupule, indécision.

Sept

Ce nombre dont nous avons souligné la riche symbolique et que les grandes civilisations ont vénéré apparaît comme un développement du Ternaire. Les sept notes de la gamme en sont un bon exemple, car elles viennent de l'ensemble ternaire constitué par l'accord parfait. Cette affirmation n'est pas arbitraire, car la théorie musicale repose sur les lois de l'acoustique, elles-mêmes issues du plan de Dieu. Ce nombre symbolise la réserve mais aussi la concentration mentale. Il est une sorte d'arche d'alliance parce qu'il est divin et humain. C'est une passerelle entre Dieu et l'homme. Interprétation en mode positif : spiritualité, harmonie, humanisme. Interprétation en mode négatif : tristesse, difficulté d'adaptation et d'intégration au monde des humains.

Huit

Pour certains adeptes de l'occultisme, ce nombre représente la puissance du karma, mot sanskrit qui, dans l'hindouisme, désigne l'enchaînement des causes et des effets de tout acte, ou le sort dévolu à chaque être. Le huit est avide de pouvoir et cherche à prouver sa force. C'est le nombre de la puissance et du magnétisme, de l'avidité intellectuelle. Avec un huit dans son nom, on veut tout connaître, y compris le monde des arts. Selon la doctrine théosophique, l'Octonaire montrerait la matérialité abstraite, artificiellement séparée de toute vie. En d'autres termes, il s'agirait des réalités inaccessibles à nos sens. Le huit étant un nombre pair, il est passif et exprime plus un état qu'un acte. Interprétation en mode positif : amour divin et tous les respects qui en résultent associés au désir de puissance. Interprétation en mode négatif : risque d'ambition forcenée, d'intolérance.

Neuf

Étant le carré de trois, il n'est pas surprenant que d'aucuns le tiennent pour le symbole de l'achèvement. Son étrange propriété arithmétique évoque un éternel renouvellement. En effet, tout nombre ajouté à neuf réapparaît après réduction.

Exemples :	4 + 9 = 13	1 + 3 = 4
	1 + 9 = 10	1 + 0 = 1
	7 + 9 = 16	1 + 6 = 7

Par ailleurs, tout chiffre multiplié par neuf donne toujours neuf après réduction.

Exemples :	2 x 9 = 18	1 + 8 = 9
	4 x 9 = 36	3 + 6 = 9
	6 x 9 = 54	5 + 4 = 9

Ce ne sont pas ses deux seules propriétés. La différence entre un nombre et un autre formé par l'inversion de ses chiffres est toujours un multiple de neuf (53 et 35, dont la différence est 18, multiple de 9). Ces multiples sont d'ailleurs toujours composés de chiffres dont la somme est égale à neuf.

Exemples :	3 x 9 = 27	2 + 7 = 9
	7 x 9 = 63	6 + 3 = 9
	8 x 9 = 72	7 + 2 = 9

Évidemment, ces particularités n'existeraient pas si notre civilisation avait adopté une autre base de numération que la décimale. Bien que celle-ci soit universelle, ces observations n'en conservent pas moins tout leur intérêt.

Le neuf termine la série des nombres simples et symbolise le passage à la réintégration. C'est le triple développement du Ternaire. Interprétation en mode positif : sagesse, médiumnité naturelle, attrait pour la nouveauté, indépendance saine, altruisme, compassion. Interprétation en mode négatif : excès d'émotivité et de sensibilité.

LES MÉTHODES

Maintenant que nous avons abordé la signification symbolique des nombres (1 à 9), nous allons procéder à son application.

Le nombre personnel

Il va de soi que cette première approche sera suivie d'autres, notamment celles qui nous permettront de déceler des traits de caractère ou les grandes étapes prévisibles de l'existence.

Pour obtenir le nombre correspondant à l'année personnelle, il suffit d'additionner trois nombres : celui du jour de naissance, celui du mois de naissance, celui de l'année de naissance. Prenons l'exemple d'une personne née le 13 septembre 1923 : 13 + 9 + 1923 = 1945 = 1 + 9 + 4 + 5 = 19, 1 + 9 = 10, 1 + 0 = 1.

Une première interprétation possible consiste à rechercher les différentes explications symboliques du nombre un. C'est le nombre de l'unité. La personne en question doit avoir une âme assez portée à la dévotion, mais on sait que celle-ci peut revêtir bien des aspects. Il est probable que cette personne a su faire l'unité en elle-même. Elle adopte une attitude sans équivoque. Elle aime que les échanges sociaux ou familiaux se déroulent dans une atmosphère de clarté. S'il s'agit d'une femme, elle tiendra beaucoup à être unique et ne supportera pas la concurrence. Elle ne sera sûrement pas influençable, car elle tiendra à préserver son unité. Il va de soi que le cœur et l'esprit de cette personne ne risquent guère d'être tourmentés ou livrés à une perpétuelle irrésolution. Elle fuira toutes les situations ambiguës et adhérera aux idées claires et nettes. Les philosophies du scepticisme et des remises en question permanentes lui inspireront une aversion totale.

Alain-Victor Christel, auteur du *Guide de la nouvelle numérologie* (voir bibliographie), estime que si le 1 est issu d'une réduction de 19, il est possible que cette personne soit douée de talents littéraires ou artistiques. En ce qui concerne notre exemple, il s'agit nettement d'aptitudes artistiques, notamment pour la peinture. Le sujet peut aussi être porté à des élans fraternels et démontrer un penchant à l'altruisme. Il semble que la vibration du 1 accompagne une forte émotivité et une grande sensibilité, ce qui d'ailleurs n'est pas toujours associé.

Le nombre de caractère

Mais cette méthode établie à partir de la date de naissance n'est pas la seule qui existe. Les numérologues recommandent le système qui consiste à utiliser le prénom usuel et le nom de famille.

EXEMPLE

Afin de bien comprendre le principe, allons-y avec un exemple. Prenons le nom Odette Hamel. Attribuons d'abord à chacune des lettres du prénom le nombre qui correspond à la lettre de l'alphabet et faisons le total. Refaisons le même exercice, cette fois avec le nom de famille. Additionnons ensuite le total du prénom et celui du nom de famille. Puis réduisons le résultat obtenu.

A	B	C	D	E	F	G	H	I
J	K	L	M	N	O	P	Q	R
S	T	U	V	W	X	Y	Z	
1	2	3	4	5	6	7	8	9

O D E T T E : 6 + 4 + 5 + 2 + 2 + 5 = 24
H A M E L : 8 + 1 + 4 + 5 + 3 = 21
24 + 21 = 45
4 + 5 = 9

Signalons au passage que certains auteurs recommandent de faire la même opération avec le nom de famille du mari. Nous avons, quant à nous, préféré partir du nom porté par la femme avant son mariage. Mais il est évident que les deux opérations peuvent présenter un intérêt par comparaison.

Le résultat qui nous concerne dans l'exemple Odette

Hamel est donc le 9. Nous ne répéterons pas tout ce qui a été dit jusqu'à maintenant à propos de ce nombre. Mais comme l'orientation professionnelle résulte en partie des goûts et des traits de caractère, il importe d'en reparler pour mieux renseigner le sujet.

Disons tout de suite que la personne dont le nombre de caractère correspond à neuf n'aura aucune attirance particulière pour tout ce qui est financier ou administratif. C'est d'ailleurs le cas de notre exemple. Mais la conclusion ne résulte évidemment pas d'un cas isolé. C'est l'expérience et l'observation qui inspirent nos présomptions en matière de caractère.

Le neuf a toujours été chargé de mystère. Le docteur Allendy affirme que dans certaines liturgies ce nombre avait un sens d'achèvement. Le Zend-Avesta (Iran antique) fait jouer au neuf un grand rôle dans les purifications de toutes sortes. Certains écrivains pensent que la pratique de la neuvaine, très populaire chez les fidèles de la religion catholique, est issue du culte mazdéen. Les érudits — entre autres Virgile (*Bucoliques*, VIII) et Shakespeare (*Macbeth*, I-III) — ne manquent pas de faire remarquer que la triple répétition ternaire est présente dans la magie et la sorcellerie de tous les temps.

Mais revenons à Odette Hamel qui d'ailleurs, en plus de posséder des dons de médiumnité, témoigne d'un grand attachement à sa religion. On remarque que le neuf s'applique très souvent à des personnalités modestes, effacées et capables de dévouement, qui sont douées sur le plan artistique et qui démontrent une plus grande attirance pour les couleurs que pour les sons. Leur curiosité pour les horizons inconnus est assez vive. En d'autres termes, il existe chez ces personnes un goût pour les voyages et un intérêt marqué pour toutes les formes de beauté. S'il faut préconiser une orientation professionnelle, le métier d'antiquaire ou toute fonction en relation avec la peinture, l'art de la table pourrait très bien convenir, alors qu'un travail solitaire et sédentaire serait assurément à éviter, car le besoin d'échanges est indéniable.

En faisant l'exercice, il se peut que vous constatiez que les conclusions de cette méthode diffèrent de celles du nombre personnel. Nous tenons simplement à vous rappeler que les penchants du cœur humain sont souvent incohérents, et que nous avons tous des idées et des sentiments contradictoires.

EXEMPLE

Voyons maintenant ce que la numérologie peut nous dire au sujet de Marguerite Polvêche, née le 30 juin 1888. Nous examinerons donc le nombre personnel (date et année de naissance) et le nombre de caractère (prénom et nom de famille).

Nombre personnel :

30 + 6 + 1888 = 1924
1 + 9 + 2 + 4 = 16
1 + 6 = 7

Nombre de caractère :

M A R G U E R I T E : 4 + 1 + 9 + 7 + 3 + 5 + 9
+ 9 + 2 + 5 = 54
P O L V Ê C H E : 7 + 6 + 3 + 4 + 5 + 3
+ 8 + 5 = 41
54 + 41 = 95
9 + 5 = 14
1 + 4 = 5

Le nombre personnel nous révèle que cette personne était assez encline à rêver et à se complaire dans les chimères. Lorsque sept a seize pour origine, comme c'est le cas, cela peut indiquer que le sujet aime bien s'évader des réalités plus ou moins désagréables pour se réfugier dans un monde imaginaire, penchant toutefois associé à une vive avidité intellectuelle. Le sept appartient aux personnes éprises de mystère, mais aussi de connaissances très pratiques. En d'autres termes, il ne convient pas de dire que le sept entraîne une vision irréaliste des faits ou des êtres. Le goût pour le mystère peut très bien voisiner avec un attachement à tout ce qui est perceptible et bien tangible. Selon les témoignages recueillis, notre description correspond très bien à la personnalité de ladite Marguerite Polvêche.

Voyons maintenant ce que le nombre de caractère, qui correspond à cinq, peut nous apprendre. Nous découvrons d'abord que ce nombre est celui des êtres qui s'intéressent à plusieurs disciplines ou spécialités avec le risque de dispersion que cette disposition implique. Les «porteurs» du cinq recherchent les sensations nouvelles et aiment les voyages. Souvent amateurs de bonne chère, originale ou exotique, ces sujets aiment la nouveauté et détestent la routine, aussi bien dans ce domaine que dans d'autres. Ils ont un attachement prononcé pour les libertés et se plient difficilement aux contraintes sociales.

Les exemples qui précèdent ont permis au lecteur de se familiariser avec deux méthodes d'interprétation numérologique. Le principe étant maintenant connu, il peut dorénavant se servir de ce qui a été dit sur chacun des neuf premiers nombres (chapitre 1 et chapitre 6) pour compléter son interprétation. Nous nous limiterons dans les lignes qui suivent à rappeler les interprétations classiques des chiffres que nous n'avons pas mentionnés dans nos exemples.

Le nombre deux : Un certain manque d'élan à l'égard d'autrui a entraîné un sentiment d'isolement. Il convient maintenant d'élargir quelque peu le champ des relations et d'être plus à l'écoute des opinions d'autrui.

Le nombre trois : Les aptitudes ou les goûts artistiques que vous portez en vous ne demandent qu'à être développés, quel que soit votre âge. Vous possédez de réelles possibilités de création. L'activité doit être bien maîtrisée et ne pas entraîner de surmenage en raison des risques d'intoxication.

Le nombre quatre : Le besoin de stabilité est permanent, mais la vie se déroule comme si elle était jalonnée de faits qui ébranlent l'édifice trop rapidement construit. Il y a une sorte de fièvre associée à l'impatience pour ceux dont le résultat est quatre. La vie affective aussi est régulièrement perturbée.

Le nombre six : L'importance donnée à l'amour charnel ou sentimental par les personnes dont le résultat est six crée souvent des situations compliquées ou inextricables. Malgré une vie affective tourmentée, il existe dans le cas des «porteurs» du six un goût très marqué pour la stabilité conjugale et l'harmonie familiale.

Le nombre huit : L'impulsivité et l'imprévoyance en matière financière jouent des tours aux «détenteurs» du huit. Il ne suffit pas d'avoir des projets; encore faut-il qu'ils soient réalistes et que l'on utilise un minimum de méthode pour arriver au succès. Par ailleurs, l'amélioration des rapports avec vos semblables est devenue urgente pour éviter des inimitiés.

Le nombre intime

La désignation «intime» se rapporte à nos désirs informulés et à nos aspirations profondes. Personne ne sera surpris que ce nombre soit tiré des voyelles du prénom usuel, dont on connaît la charge affective.

Prenons l'exemple de JEAN : E = 5 et A = 1 (5 + 1 = 6). Il suffit de se livrer à un commentaire à partir du résultat. Bien entendu, on peut faire la même opération à partir des voyelles du nom de famille, mais c'est à notre avis moins révélateur. Il est aussi possible de répéter l'exercice à partir des consonnes.

Une autre façon de faire

Nous préconisons, quant à nous, de dégager des résultats à partir d'un autre procédé qui ne figure dans aucun ouvrage, du moins à notre connaissance. Il consiste à appliquer les valeurs numériques traditionnelles dont il a été question pour les lettres grecques ou hébraïques. Il est vrai que l'alphabet français est différent, ne serait-ce que par le nombre de lettres et leur désignation, mais il y a peut-être là une piste à suivre. La première garantie réside dans la caution que des grands noms de la mystique ou de l'ésotérisme ont apportée à ce système.

Prenons l'alphabet grec. Rien n'empêche de relier une lettre de l'alphabet français à la lettre correspondante de l'alphabet grec. N'oublions pas que dans l'Antiquité, les Grecs se servaient de deux numérations, dont l'une référait à l'initiale du nom de la lettre (qui correspondait à des unités, des dizaines et des centaines, Fig. 43) et l'autre à la lettre proprement dite (qui correspondait à l'ordre numérique d'apparition de la lettre dans l'alphabet, Fig. 41). La difficulté, c'est que le k vaut 20 dans un alphabet et 10 dans l'autre, et ce ne sont pas les seules divergences. Il en est de même pour la lettre khi. S'il apparaît qu'il y a des lettres à cause desquelles les résultats sont peu probants, il est toujours possible de n'utiliser que la méthode de la date de naissance ainsi que celle des voyelles.

Revoyons les correspondances numériques des lettres de l'alphabet grec, duquel le nôtre est en quelque sorte issu.

(a)	Alpha	1	(i)	Iota	10	(r)	Rô	100
(b)	Bêta	2	(k)	Kappa	20	(s)	Sigma	200
(g)	Gamma	3	(l)	Lambda	30	(t)	Tau	300
(d)	Delta	4	(m)	Mu	40	(u)	Upsilon	400
(e)	Epsilon	5	(n)	Nu	50	(f)	Phi	500
(v)	Digamma	6	(s)	Ksi	60	(kh)	Khi	600
(z)	Dzeta	7	(o)	Omicron	70	(dh)	Psi	700
(h)	Êta	8	(p)	Pi	80	(c)	Oméga	800
(th)	Thêta	9	(q)	Hoppa	90			

Bien que nous ne soyons pas des adeptes de la numérologie, une brève incursion dans ce domaine s'imposait. Répétons que nous ne portons aucun jugement de valeur sur cette discipline. Ceux que le sujet intéresse peuvent approfondir leur recherche en consultant les nombreux ouvrages qui s'y rapportent. Les spécialistes de la numérologie débordent d'imagination et ils ont créé d'autres procédés d'investigation des caractères. Avis aux intéressés!

7

La question des bases

Il est possible que le lecteur garde un mauvais souvenir de ce chapitre. Afin de lui éviter une telle impression, nous l'invitons à aborder la question des bases en la considérant comme un simple ajout d'information à sa connaissance générale sur le nombres.

Avant de parler des différents systèmes qui existent, donnons une définition simple du terme. Une base est un système de numération dont le nombre exprime combien il faut d'unités d'un certain ordre pour former une unité d'un ordre immédiatement supérieur. Un nombre entier quelconque peut être pris comme base d'un système de numération. C'est le cas de 2, qui est la base du système binaire, de 10, qui est la base du système décimal, et de 12, qui est la base du système duodécimal.

LE SYSTÈME DÉCIMAL

Voyons de plus près la base 10 qui appartient au système décimal, l'un des plus répandus. Elle était utilisée il y a des millénaires par les Grecs, les Hébreux, les Arabes, les Chinois, les Égyptiens, les Indiens, les Incas, les Perses, les Phéniciens et les Romains, pour ne nommer que ceux-là. Il est très probable que ce mode de numération ait été adopté en raison de l'existence de nos dix doigts. Les peuples qui adoptèrent la base 20 ne le firent qu'en raison des dix autres que nous avons aux pieds.

Les neuf premiers nombres représentent les unités, le zéro est le symbole du néant (1 2 3 4 5 6 7 8 9 0) — c'est aux Indiens de jadis que revient le mérite de la création du zéro; il a fallu des millénaires pour le concevoir. Dans ce système, le nombre est soumis à ce que l'on nomme le principe de position, c'est-à-dire que sa valeur dépend de son rang. Un 5 peut représenter cinq unités ou cinq dizaines ou encore cinq centaines selon la position qu'il occupe.

Les neuf premiers nombres sont les unités du premier ordre décimal. Le dernier constitue la base; c'est une unité du deuxième ordre. Les dizaines ou unités du deuxième ordre décimal sont les multiples de la base.

LE SYSTÈME BINAIRE

Dans le système binaire, qui connaît une singulière fortune depuis l'avènement de l'informatique, deux chiffres seulement sont utilisés, soit 1 et 0. Le nombre 1011 écrit dans le système binaire représente : 1 unité + 1 groupe de 2 unités + 0 groupe de 4 unités + 1 groupe de 8 unités. Voyons comment on peut arriver à écrire 28 dans le système binaire.

Le nombre 28.

28 = 2 x 14 + 0	OU	28 / 2 = 14, reste 0
14 = 2 x 7 + 0		14 / 2 = 7, reste 0
7 = 2 x 3 + 1		7 / 2 = 3, reste 1
3 = 2 x 1 + 1		3 / 2 = 1, reste 1

La transposition du nombre 28 en système binaire donnera 11100.

LE SYSTÈME DUODÉCIMAL

Prenons maintenant l'exemple de la base 12 ou système duodécimal, où il faut douze chiffres pour représenter les nombres. C'est pourquoi on a recours à la lettre alpha pour représenter 10 et à bêta (ou B) pour représenter 11. Ainsi 64B représente 11 unités + 4 douzaines d'unités et 6 grosses, c'est-à-dire 6 fois 12 douzaines.

Ce système paraît compliqué, mais il a toujours eu des défenseurs farouches. En 1955, un inspecteur général des Finances a essayé de faire adopter une réforme en vue de détrôner la base 10 pour la remplacer par le système duodécimal. Inutile de dire que la bataille était perdue d'avance.

Notre civilisation est pourtant marquée par cet usage. Il suffit d'acheter des huîtres ou des œufs pour s'en rendre compte. Déjà les Romains divisaient l'as — qui était une unité arithmétique — en douze sous-unités appelées onces. Dans la France d'avant la Révolution, la mesure la plus courante était le pied, soit 12 pouces.

Au cas où l'on y reviendrait, essayons de voir comment transformer en base 12 un nombre écrit dans le système décimal.

Le nombre 1132.
1132 / 12 = 94 douzaines, 4 unités en base 10.
94 / 12 = 7 grosses + 10 douzaines en base 10.
Le nombre donné vaut :
7 grosses, 10 douzaines en base 10, 4 unités.
Ce nombre s'écrira 7alpha4.

Le nombre 563.
563 / 12 = 46 douzaines, 11 unités en base 10.
46 / 12 = 3 grosses, 10 douzaines en base 10.
Le nombre donné vaut :
3 grosses, 10 douzaines en base 10, 11 unités.
Ce nombre s'écrira 3alphaB.

Voyons maintenant comment faire pour convertir un nombre écrit dans le système duodécimal en base 10. La règle consiste à chercher la valeur relative de chaque chiffre et de les ajouter.

Le nombre alpha6B.
B = 6 douzaines x 6 unités.
alpha = 10 unités du troisième ordre ou 10 grosses, c'est-à-dire 12 x 12 x 10 unités.
Le chiffre alpha6B vaudra donc : 11 + (12 x 6) + (12^2 x 10) = 1523 (en base 10).

Le nombre alpha47B.
10 x 12 + 4 = 124
124 x 12 + 7 = 1495
1495 x 12 + 11 = 17 951.

Comme vous avez pu le constater, on peut imaginer autant d'exercices que l'on veut pour présenter un nombre dans un système quelconque.

...ET LES AUTRES

Même si le système décimal ressort comme l'un des plus populaires, cela n'a pas empêché certains peuples d'en utiliser d'autres, comme par exemple les systèmes à base 5 ou 20. Les Inuit, les Mayas et les Basques seraient de ceux qui auraient adopté le système vicésimal. Il y a même des traces de cette base dans la langue anglaise et plus encore dans le domaine sportif (au football, le «score» signifie «marquer un point» et «a score of» signifie «20»)!

À notre connaissance, il n'y a pas eu de peuple utilisateur de la base 3 ou 4. Les Sumériens se seraient toutefois distingués en utilisant un système à base 60 (sexagésimal). On ne connaît malheureusement pas très bien l'origine de ce peuple non sémitique qui s'est installé vers le IVe millénaire dans la basse Mésopotamie, et aucun spécialiste n'est en mesure de dire pourquoi les Sumériens auraient opté pour ce système. Reste que ce système a aussi marqué notre civilisation puisque c'est de cette façon que nous exprimons la mesure du temps.

8

Petite histoire du calcul

DES CAILLOUX AUX INCONNUES...

Les hommes se sont initiés au calcul en utilisant des objets courants de volume réduit — ils n'auraient pas pu en manier d'autres. Les «petits» Romains ont appris à compter avec des cailloux — d'où vient le mot calcul —, ce qui est un procédé assez proche de celui des bûchettes! Les premières sociétés humaines ont probablement toutes utilisé une méthode similaire, des encoches ou entailles sur les troncs d'arbre au calcul sur les doigts.

Ce qui n'a pas empêché certains peuples de haute civilisation de connaître l'algèbre bien avant son apparition en Occident. Les Babyloniens — du moins quelques-uns d'entre eux! — savaient résoudre les équations du second degré. L'éminent spécialiste de ces questions qu'est Georges Ifrah (voir bibliographie) affirme même que dix-huit cents ans avant Jésus-Christ, des savants mésopotamiens savaient comment résoudre une équation du troisième ou du quatrième degré... n'y voyant qu'un but pratique et assez vulgairement utilitaire.

Il faudra attendre les Grecs pour que les recherches fondamentales visent un but désintéressé et esthétique. Aristote ne disait-il pas que «la science qui n'a pas de sujet sensible est au-dessus de celle qui en a un»? Cette réflexion devrait être mûrie par tous ceux qui ignorent les méfaits de la technique sur l'intelligence. C'est sans doute pour cette raison que certains psychologues américains confondent intelligence et ensemble d'aptitudes. Les trois plus illustres représentants des sciences mathématiques en Grèce furent sans conteste Thalès, Pythagore et Archimède. C'est ce dernier qui résolut les premiers problèmes de calcul infinitésimal.

Mais le développement de l'Empire Romain contribuera au déclin de la science grecque. Il apparaît qu'aucune découverte mathématique ne peut être portée au crédit des Romains. Quant à la civilisation d'Orient, elle connaîtra le même déclin malgré les brillants éclats de Byzance.

Ce qui n'est pas le cas de l'Inde qui, du Ve au XIe siècle de notre ère, amorce un magnifique développement en matière de mathématiques, surtout en algèbre et en trigonométrie, avec une avancée en astronomie.

Il faudra malgré tout attendre le XIIe et le XIIIe siècle pour que la vie intellectuelle reprenne en Occident. L'esprit le plus éminent du XIVe siècle dans le domaine des mathématiques fut sans contredit l'évêque de Lisieux, Nicolas Oresme. C'est lui qui perfectionna la géométrie analytique. Mais le grand réveil sonnera avec la Renaissance. Personne ne sera surpris d'apprendre que les savants italiens furent particulièrement brillants à cette époque, à commencer par le grand Léonard de Vinci.

Pendant ce temps, en France, ce sont les travaux de Viète qui retiennent l'attention. Ce conseiller du roi Henri IV créa la représentation symbolique littérale dans les calculs algébriques au moment où cette science utilisait encore de longues périphrases lourdes et fastidieuses.

Puis ce fut au tour de Descartes, à qui revient l'honneur d'avoir désigné les inconnues par *x, y, z,* choix de lettres qui résulte d'une observation fort simple : placées à la fin de l'alphabet, elles sont censées n'être connues qu'au terme d'une recherche. Il suffisait d'y penser!

LES LOGARITHMES

La Grande-Bretagne a aussi contribué à l'avancement des mathématiques. C'est sur son sol que naquit Neper (1550-1617), le créateur des fameux logarithmes destinés à abréger les calculs.

Le lecteur connaît maintenant les progressions géométriques de raison 2 commençant par 1 (première ligne) et les progressions arithmétiques à partir de 0 (seconde ligne). Examinons-les. En les superposant, on constate que 4, par exemple, est le logarithme du 16 de la progression géométrique.

1	2	4	8	16	32	64	128	256	512	1024
0	1	2	3	4	5	6	7	8	9	10

Si nous appelons r la raison de la première et d la raison de la seconde, nous pouvons écrire les deux progressions précédentes sous la forme que voici :

1	r^1	r^2	r^3	r^4	r^5	r^6	r^7	r^8	r^9	r^{10}
0	1d	2d	3d	4d	5d	6d	7d	8d	9d	10d

Les exposants de la raison r correspondent aux coefficients de la raison d. Prenons un exemple : log r^6 : 6d et multiplions r^2 par r^4. On sait que dans ce cas il faut additionner les exposants. Nous avons donc le produit r^2r^4 obtenu par l'addition des coefficients. Les logarithmes des nombres dont le produit est r^6 sont 2d et 4d dont la somme est 6d qui est le log du produit r^6.

En d'autres termes, la somme des logarithmes de

plusieurs facteurs sera le logarithme du produit de ses facteurs. Si vous voulez faire une multiplication, il suffit de chercher les logarithmes des facteurs et de les additionner. On trouve ainsi le logarithme du produit et l'on consulte la table où chaque logarithme correspond à un nombre. En somme, les multiplications sont remplacées par des additions et les divisions par des soustractions.

Le baron écossais Neper était un esprit supérieur. L'un de ses compatriotes, Henry Briggs (1561-1631), trouva toutefois un système bien plus simple. Il est d'ailleurs très utilisé dans les calculs d'intérêt. Les personnes qui désirent faire une carrière dans les banques feraient bien de s'y initier.

L'ALGÈBRE

C'est avec l'algèbre que triomphe l'utilisation des symboles littéraux. Il est probable que ce soient les Babyloniens — encore eux! — qui étudièrent les premiers des problèmes de nature algébrique. Il semble que ce peuple ait possédé nos techniques algébriques, hormis le symbolisme.

La science algébrique — passée d'abord entre les mains des Indiens et des Arabes — connaît en Europe un essor remarquable. Un Italien du nom de Tartaglia (1499-1557) réussit à résoudre certains types d'équations du troisième degré et Ferrari (1522-1565), un autre Italien, celles du quatrième! Plus tard, un pas immense sera franchi par le Français Évariste Galois (1811-1832) — mort à 21 ans en duel! C'est lui qui découvrit le critère permettant de discerner si une équation est soluble par radicaux. Que n'aurait-il pas découvert s'il avait vécu?

LES GRANDS CONQUÉRANTS

Disons maintenant quelques mots au sujet des grands conquérants en matière de mathématiques. L'une des applications du calcul à la géométrie est la trigonométrie. Certains en attribuent l'invention à Pythagore, d'autres à Hipparque. Les savants arabes du Xe siècle perfectionnèrent beaucoup cette technique. Le Français Viète s'y distingua de même que le Suisse Bernouilli.

Quant à la science qui étudie la fréquence des événements incertains, c'est-à-dire le calcul des probabilités, elle est la reine des techniques statistiques et elle est utilisée dans toutes les sciences. Les assureurs ont de bonnes raisons de la vénérer. Il peut être amusant de savoir que cette science très compliquée résulte d'une intention ludique. Pascal (1623-1662) et son ami le chevalier de Méré cherchaient un moyen de gagner aux jeux de hasard. Vous voyez que la question est d'actualité. Aidé du grand mathématicien Pierre de Fermat (1601-1665), Pascal réussit à mettre au point certaines règles. Il est vrai que Fermat n'était pas le premier venu puisqu'il est le créateur d'un théorème dont il fallut trois siècles pour trouver la démonstration. Puis l'évolution en matière de statistiques suivit son cours. Les travaux que Bernouilli avait amorcés au XVIIe siècle furent enrichis par ceux du Hollandais Huygens (1629-1695) et de l'Anglais Halley (1656-1742) — l'homme de la fameuse comète. Le grand savant de l'époque napoléonienne Pierre Simon Laplace (1749-1827) et Henri Poincaré (1854-1912) perfectionnèrent à leur tour la science des probabilités. Il faut croire que l'univers aléatoire échappe encore aux plus grands esprits puisque les mathématiciens ne gagnent pas plus à la loterie que le commun des mortels.

Les Arabes avaient certainement été tourmentés par l'énigme des jeux de hasard, mot qui vient justement de l'arabe *az-zahr* signifiant «dé». La question de savoir si le hasard existe ou non n'est pas près d'être résolue.

On peut penser que tous les phénomènes de la nature sont réglés par des lois très précises, mais il semble bien que plusieurs soient encore ignorées de tous.

Voltaire disait que ce que nous appelons hasard n'est et ne peut être que la cause ignorée d'un effet connu. Le savant Émile Borel (1871-1956) exprime un peu la même idée en écrivant : «Qui analysera en détail les mouvements de la main qui jette les dés ou bat les cartes? La caractéristique des phénomènes que nous appelons fortuits ou attribuables au hasard, c'est de dépendre de causes trop complexes pour que nous puissions les connaître toutes et les étudier.»

Quant à La Rochefoucauld, bien connu pour ses *Réflexions ou Sentences et Maximes morales,* il ne ratait jamais l'occasion de rabattre ceux qui considéraient leurs réussites comme la conséquence de leurs mérites : «Quoique les hommes se flattent de leurs grandes actions, elles ne sont pas souvent les effets d'un grand dessein mais des effets du hasard.»

Il vaut donc peut-être mieux parler de chance favorable ou défavorable selon que l'événement est probable ou non. La probabilité mathématique, c'est le rapport entre le nombre de chances favorables et celui de chances défavorables. Quelle est la probabilité d'obtenir un 2 en jetant sur la table un dé à jouer si un seul côté porte ce nombre? Il y a une chance pour et 5 contre, soit au total 6 chances pour et contre. La probabilité est donc de 1/6. Autre exemple élémentaire : si 1000 billets de loterie sont émis et que vous en achetiez 5, vous aurez 5/1000 ou 1/200 de chance de gagner. Sachez de toute manière que la perte est fatale pour toute personne qui s'adonne au jeu. Mais fort heureusement, il y a d'autres domaines où le calcul des probabilités s'avère rentable, entre autres dans les assurances, l'artillerie, la chimie et la physique. Nous terminons ainsi sur une note positive notre petite histoire du calcul que nous avons volontairement simplifiée afin d'alléger votre lecture.

Avant de vous laisser à vos réflexions, nous aimerions préciser que notre intention en rédigeant cet ouvrage était d'éveiller votre curiosité par rapport aux connaissances mystérieuses dont ont fait preuve les auteurs des textes sacrés et de susciter une certaine humilité devant la complexité des phénomènes de la nature.

Bibliographie

ALLENDY, René. *Le symbolisme des nombres.* Éditions traditionnelles.

BOLL, Marcel. *Histoire des mathématiques*. Presses Universitaires de France, coll. «Que sais-je?».

CHEVALIER, Jean et Alain GHEERBRANT. *Le dictionnaire des symboles.* Éditions Robert Laffont.

CHRISTEL, Alain-Victor. *Guide de la nouvelle numérologie.* Éditions de Vecchi.

CLEYET-MICHAUD, Marius. *Le nombre d'or.* Presses Universitaires de France, coll. «Que sais-je?».

CREUSOT, Camille. *La face cachée des nombres*. Dervy Livres.

FOURREY, E. *Récréations arithmétiques*. Éditions Vuibert.

GÉRARDIN, Lucien. *Le mystère des nombres.* Éditions Dangles.

GOBERT, M. H. *Les nombres sacrés et l'origine des religions*. Stock.

IFRAH, Georges. *Histoire universelle des chiffres*. Éditions Robert Laffont.

JOUVEN, Georges. *Les nombres cachés*. Dervy Livres.

MOZZANI, Éloïse. *Le livre des superstitions*. Éditions Robert Laffont.

NOTTER, François. *Le grand livre de la numérologie*. Éditions de Vecchi.

PEIGNOT, Claude. *Le nombre, le langage de Dieu*. G. Lachurie Éditeur.

TATON, René. *Histoire du calcul*. Presses Universitaires de France, coll. «Que sais-je?».

WARUSFEL, André. *Les nombres et leurs mystères*. Éditions du Seuil.

30F